可数 Sofic 群的等距线性作用的维数

荣　祯　著

哈爾濱工業大學出版社

图书在版编目(CIP)数据

可数 Sofic 群的等距线性作用的维数/荣祯著. —
哈尔滨:哈尔滨工业大学出版社,2023.1
ISBN 978-7-5767-0634-5

Ⅰ.①可⋯　Ⅱ.①荣⋯　Ⅲ.①数学理论-研究　Ⅳ.
①O1-0

中国国家版本馆 CIP 数据核字(2023)第 032556 号

策划编辑　张凤涛
责任编辑　张凤涛　庞亭亭
出版发行　哈尔滨工业大学出版社
社　　址　哈尔滨市南岗区复华四道街 10 号　邮编 150006
传　　真　0451 - 86414749
网　　址　http://hitpress.hit.edu.cn
印　　刷　武汉鑫佳捷印务有限公司
开　　本　787 mm×1 092 mm　1/16　印张 5.5　字数 120 千字
版　　次　2023 年 1 月第 1 版　2023 年 1 月第 1 次印刷
书　　号　ISBN 978-7-5767-0634-5
定　　价　68.00 元

(如因印装质量问题影响阅读,我社负责调换)

前　　言

本书的研究内容来源于 Gromov 提出的一个问题.

设 G 是一个可数群, X 是一个复 Banach 空间. 设 $1 \leqslant p < +\infty$, 记 $l^p(G,X) = \{f : G \to X \mid \sum_{s \in G} \|f(s)\|^p < +\infty\}$, 则 $l^p(G,X)$ 关于范数 $\|\cdot\|_p$ 构成了一个复 Banach 空间, 这里 $\|f\|_p = (\sum_{s \in G} \|f(s)\|^p)^{\frac{1}{p}}$. G 在 $l^p(G,X)$ 上有一个自然的左平移作用: 对 $s \in G$ 以及 $f \in l^p(G,X)$, 定义 $sf \in l^p(G,X)$ 为 $(sf)(t) = f(s^{-1}t)$.

Gromov 提出了如下问题: 设 V 和 W 是两个有限维的复 Banach 空间, 是否有 $l^p(G,V)$ 和 $l^p(G,W)$ 是 G-同构的 (存在一个线性的 G-同变的同胚映射 $T : l^p(G,V) \to l^p(G,W)$, 这里 $T : l^p(G,V) \to l^p(G,W)$ 是 G-同变的意味着对任意的 $s \in G, f \in l^p(G,V)$ 都有 $T(sf) = sT(f)$) 当且仅当 $\dim_{\mathbb{C}}(V) = \dim_{\mathbb{C}}(W)$?

当 G 为可数顺从群 (G 有一个左的 Følner 序列 $\{F_n\}_{n=1}^{\infty}$, 亦即每个 F_n 是 G 的一个非空有限子集且对每个 $s \in G$ 有 $\lim_{n \to \infty} \frac{|sF_n \setminus F_n|}{|F_n|} = 0$, 这里 $|F_n|$ 为集合 F_n 的基数) 时, 上述问题已经被研究过并且有肯定的回答. Voiculescu 对复 Banach 空间 X 上的可数顺从群 G 的等距线性作用 $G \curvearrowright X$ 提出了一个维数 $\mathrm{vdim}(G \curvearrowright X)$. 利用这个维数, 可以在可数顺从群的情形对上述问题给予肯定的回答.

接下来有一个非常自然的问题, 能否在可数非顺从群的情形回答 Gromov 提出的上述问题? 在过去的几年里, 可数顺从群作用的熵理论和平均维数理论已经被推广到可数 Sofic 群的作用. 由于可数 Sofic 群是一类可以用有限置换群近似逼近的可数群, 从而可数 Sofic 群是一类非常广的群, 它包括可数顺从群、可数剩余有限群等群. 是否每个可数群都是 Sofic 群, 这仍然是一个悬而未决的问题.

在本书中, 拟对复 Banach 空间 X 上的可数 Sofic 群 G 的等距线性作用 $G \curvearrowright X$ 提出一个新的维数 $\dim_{\Sigma,\omega}(G \curvearrowright X)$, 同时拟在可数 Sofic 群的情形回答 Gromov

提出的上述问题.

　　本书第 1 章介绍了顺从群和剩余有限群,第 2 章介绍了 Surjunctive 群和 Sofic 群,第 3 章介绍了 Voiculescu 维数,第 4 章介绍了可数 Sofic 群的等距线性作用的维数.

　　在本书撰写过程中,得到了内蒙古财经大学 2022 年度科研创新基金和国家自然科学基金(项目批准号:12261063)的资助,特此鸣谢.

　　限于作者水平,书中难免存在疏漏和不足,恳请读者批评指正.

作　者

2022 年秋于内蒙古财经大学

符 号 说 明

在本书中,使用了以下约定:

所有的群都是可数群;

$\mathbb{R}$ 代表实数集合;

$\mathbb{C}$ 代表复数集合;

$\mathbb{Q}$ 代表有理数集合;

$\mathbb{Z}$ 代表整数集合;

$\mathbb{N}$ 代表非负整数全体;

$\mathbb{N}^*$ 代表正整数全体;

$|E|$ 代表集合 E 的基数.

目　　录

目 录

第1章　顺从群和剩余有限群

1.1　顺　从　群

定义 1.1　一个可数群 G 称为是顺从的,如果 G 有一个左的 Følner 序列 $\{F_n\}_{n=1}^{\infty}$,亦即每个 F_n 是 G 的一个非空有限子集且对每个 $s \in G$ 有

$$\lim_{n \to \infty} \frac{|sF_n \backslash F_n|}{|F_n|} = 0$$

有关顺从群的详细介绍请参考文献[2]的第 4 章.

顺从群有很多常用的等价刻画,为了叙述这些常用的等价刻画,有必要把一些基本的概念交代清楚.

记 $\mathrm{P}(G)$ 为 G 的所有子集的全体.

定义 1.2　设 G 是一个可数群,一个映射 $\mu: \mathrm{P}(G) \to [0,1]$ 称为 G 上的一个有限可加的概率测度,如果它满足如下性质:

(1) $\mu(G) = 1$;

(2) 对所有的 $A, B \in \mathrm{P}(G)$ 且 $A \cap B = \varnothing$,有 $\mu(A \cup B) = \mu(A) + \mu(B)$.

记 $l^{\infty}(G)$ 为 G 上的所有有界实值函数的全体.

定义 1.3　设 G 是一个可数群,一个线性映射 $m: l^{\infty}(G) \to \mathbb{R}$ 称为 G 上的一个均值,如果它满足如下性质:

(1) $m(1) = 1$;

(2) 对所有的 $x \in l^{\infty}(E)$,有 $x \geq 0 \Rightarrow m(x) \geq 0$.

设 G 是一个可数群,记 $\mathrm{PM}(G)$ 为 G 上的有限可加的概率测度的全体,记

M(G) 为 G 上的均值的全体.

对 $\mu \in$ PM(G) 以及 $g \in G$,定义映射 $g\mu:$ P(G) $\to [0,1]$ 和 $\mu g:$ P(G) $\to$ $[0,1]$ 如下:

$$g\mu(A) = \mu(g^{-1}A)$$

$$\mu g(A) = \mu(Ag^{-1})$$

这里 $A \in$ P(G) 且

$$g^{-1}A = \{g^{-1}h : h \in A\}, \quad Ag^{-1} = \{hg^{-1} : h \in A\}$$

容易知道映射 $(g,\mu) \mapsto g\mu$ 定义了一个 G 在 PM(G) 上的左作用,映射 $(\mu,g) \mapsto \mu g$ 定义了一个 G 在 PM(G) 上的右作用.

对 $x \in l^{\infty}(G)$ 以及 $g \in G$,定义映射 $gx: G \to \mathbb{R}$ 和 $xg: G \to \mathbb{R}$ 如下:

$$gx(h) = x(g^{-1}h)$$

$$xg(h) = x(hg^{-1})$$

这里 $h \in G$.

容易知道映射 $(g,x) \mapsto gx$ 定义了一个 G 在 $l^{\infty}(G)$ 上的左作用,映射 $(x,g) \mapsto xg$ 定义了一个 G 在 $l^{\infty}(G)$ 上的右作用.

对 $m \in$ M(G) 以及 $g \in G$,定义映射 $gm: l^{\infty}(G) \to \mathbb{R}$ 和 $mg: l^{\infty}(G) \to \mathbb{R}$ 如下:

$$gm(x) = m(g^{-1}x)$$

$$mg(x) = m(xg^{-1})$$

这里 $x \in l^{\infty}(G)$.

容易知道映射 $(g,m) \mapsto gm$ 定义了一个 G 在 M(G) 上的左作用,映射 $(m,g) \mapsto mg$ 定义了一个 G 在 M(G) 上的右作用.

定义1.4　设 G 是一个可数群. 一个有限可加的概率测度 $\mu \in$ PM(G) 称为是左不变的,如果 μ 满足如下性质:

对任意的 $g \in G$ 都有 $g\mu = \mu$.

一个有限可加的概率测度 $\mu \in \mathrm{PM}(G)$ 称为是右不变的,如果 μ 满足如下性质:

$$\text{对任意的 } g \in G \text{ 都有 } \mu g = \mu.$$

一个有限可加的概率测度 $\mu \in \mathrm{PM}(G)$ 称为是双不变的,如果 μ 既是左不变的又是右不变的.

定义1.5　设 G 是一个可数群. 一个均值 $m \in \mathsf{M}(G)$ 称为是左不变的,如果 m 满足如下性质:

$$\text{对任意的 } g \in G \text{ 都有 } gm = m.$$

一个均值 $m \in \mathsf{M}(G)$ 称为是右不变的,如果 m 满足如下性质:

$$\text{对任意的 } g \in G \text{ 都有 } mg = m.$$

一个均值 $m \in \mathsf{M}(G)$ 称为是双不变的,如果 m 既是左不变的又是右不变的.

定义1.6　设 G 是一个可数群. 如果 K 是 G 的一个非空有限子集,$(A_k)_{k \in K}$,$(B_k)_{k \in K}$ 是 G 的两个子集族且满足

$$G = \left(\prod_{k \in K} kA_K\right) \prod \left(\prod_{k \in K} kB_K\right) = \prod_{k \in K} A_K = \prod_{k \in K} B_K$$

则称三元组 $(K, (A_k)_{k \in K}, (B_k)_{k \in K})$ 是 G 的一个左的分球悖论,这里 $\prod$ 代表无交并.

设 G 是一个可数群. 如果 K 是 G 的一个非空有限子集,$(A_k)_{k \in K}$,$(B_k)_{k \in K}$ 是 G 的两个子集族且满足

$$G = \left(\prod_{k \in K} A_K k\right) \prod \left(\prod_{k \in K} B_K k\right) = \prod_{k \in K} A_K = \prod_{k \in K} B_K$$

则称三元组 $(K, (A_k)_{k \in K}, (B_k)_{k \in K})$ 是 G 的一个右的分球悖论,这里 $\prod$ 代表无交并.

定理1.1　设 G 是一个可数群,则下述条件等价:

(1) G 是顺从的;

(2) G 有一个右的 Følner 序列 $\{F_n\}_{n=1}^{\infty}$, 亦即每个 F_n 是 G 的一个非空有限子集且对每个 $s \in G$ 有 $\lim\limits_{n \to \infty} \dfrac{|F_n s \backslash F_n|}{|F_n|} = 0$;

(3) 对每个非空有限子集 $K \subseteq G$ 和正数 ε, 存在一个非空有限子集 $F \subseteq G$, 使得对任意的 $k \in K$ 有 $\dfrac{|F \backslash kF|}{|F|} < \varepsilon$;

(4) 对每个非空有限子集 $K \subseteq G$ 和正数 ε, 存在一个非空有限子集 $F \subseteq G$, 使得对任意的 $k \in K$ 有 $\dfrac{|F \backslash Fk|}{|F|} < \varepsilon$;

(5) 在 G 上存在一个左不变的有限可加的概率测度 $\mu : \mathsf{P}(G) \to [0,1]$;

(6) 在 G 上存在一个右不变的有限可加的概率测度 $\mu : \mathsf{P}(G) \to [0,1]$;

(7) 在 G 上存在一个双不变的有限可加的概率测度 $\mu : \mathsf{P}(G) \to [0,1]$;

(8) 在 G 上存在一个左不变的均值 $m : l^{\infty}(G) \to \mathbb{R}$;

(9) 在 G 上存在一个右不变的均值 $m : l^{\infty}(G) \to \mathbb{R}$;

(10) 在 G 上存在一个双不变的均值 $m : l^{\infty}(G) \to \mathbb{R}$;

(11) G 没有左的分球悖论;

(12) G 没有右的分球悖论.

本书略去上述定理的证明过程, 有关详细的证明过程请参考文献 [2] 中命题 4.4.4、命题 4.7.1、命题 4.7.5 和定理 4.9.1.

下面列举一些顺从群的例子和非顺从群的例子.

例 1.1　每个有限群 G 都是顺从群, 显然 G 有一个左的 Følner 序列 $\{F_n\}_{n=1}^{\infty}$, 这里每个 F_n 都等于 G.

例 1.2　设 r 是一个正整数, 则 $\mathbb{Z}^r$ 是顺从群. 容易验证 $\mathbb{Z}^r$ 有一个左的 Følner 序列 $\{F_n\}_{n=1}^{\infty}$, 这里

$$F_n = \{0, 1, \cdots, n-1\}^r$$

例 1.3 有理数加群 $(\mathbb{Q}, +)$ 是顺从群. 容易验证 $(\mathbb{Q}, +)$ 有一个左的 Følner 序列 $\{F_n\}_{n=1}^{\infty}$, 这里

$$F_n = \left\{ \frac{k}{n!} : k \in \mathbb{N} \ \text{且} \ k \leqslant (n+1)! \right\}$$

例 1.4 每个可数交换群都是顺从群, 有关详细的证明过程请参考文献 [2] 中定理 4.6.1.

例 1.5 每个可数可解群都是顺从群, 有关详细的证明过程请参考文献 [2] 中定理 4.6.3.

例 1.6 由 $n(n \geqslant 2)$ 个元素所生成的自由群 $\mathbb{F}_n$ 不是顺从群, 有关详细的证明过程请参考文献 [2] 中定理 4.4.7 和例 4.8.2.

1.2 剩余有限群

接下来简要地介绍剩余有限群.

定义 1.7 一个可数群 G 称为是剩余有限的, 如果对于任意的 $s \neq t \in G$, 存在一个有限群 H 和一个同态 $\varphi: G \to H$, 使得 $\varphi(s) \neq \varphi(t)$.

有关剩余有限群的详细介绍请参考文献 [2] 中第 2 章.

根据剩余有限群的定义可以得到如下非常有用的命题.

命题 1.1 设 G 是一个可数剩余有限群, 则存在一列具有有限指标的正规子群 $\{H_n\}_{n=1}^{\infty}$, 使得 $H_1 \supseteq \cdots \supseteq H_n \supseteq \cdots$ 且 $\bigcap_{n=1}^{\infty} H_n = \{e_G\}$, 这里 e_G 为 G 的单位元.

下面列举一些剩余有限群的例子和非剩余有限群的例子.

例 1.7 每个有限群都是剩余有限群.

例 1.8 每个有限生成的交换群都是剩余有限群, 有关详细的证明过程请参考文献 [2] 中推论 2.2.4.

例 1.9 由 $n(n \geqslant 2)$ 个元素所生成的自由群 F_n 是剩余有限群, 有关详细

的证明过程请参考文献[2]中定理2.3.1.

例1.10　有理数加群($\mathbb{Q}$,+)不是剩余有限群,有关详细的证明过程请参考文献[2]中例2.1.6和命题2.1.8.

第 2 章　Surjunctive 群和 Sofic 群

2.1　Surjunctive　群

众所周知,一个集合 X 是有限集,当且仅当每个单射 $f:X \to X$ 是满射. 下面的定义和有限集的这一性质密切相关.

设 G 是一个可数群,A 是一个非空集合,记 $A^G = \{f:G \to A\}$.

对 $x \in A^G$ 以及 $g \in G$,定义映射 $gx:G \to A$ 如下:

$$gx(h) = x(g^{-1}h)$$

这里 $h \in G$.

容易知道映射 $(g,x) \mapsto gx$ 定义了一个 G 在 A^G 上的左作用.

定义 2.1　设 G 是一个可数群,A 是一个非空集合. 如果一个映射 $\tau:A^G \to A^G$ 满足下述性质:

存在一个非空有限子集 $S \subseteq G$ 和一个映射 $\mu:A^S \to A$,使得对所有的 $x \in A^G$ 以及 $g \in G$ 都有 $\tau(x)(g) = \mu((g^{-1}x)\mid_S)$,这里 $(g^{-1}x)\mid_S$ 代表 $g^{-1}x$ 在 S 上的限制.

则称映射 $\tau:A^G \to A^G$ 是一个细胞自动机.

定义 2.2　一个可数群 G 称为是 Surjunctive 群,如果 G 满足下述性质:

如果 A 是一个非空有限集,则每个单的细胞自动机 $\tau:A^G \to A^G$ 是满的.

下面列举一些 Surjunctive 群的例子.

例 2.1　每个有限群都是 Surjunctive 群,有关详细的证明过程请参考文献 [2] 中命题 3.1.3.

例 2.2　每个可数剩余有限群都是 Surjunctive 群,有关详细的证明过程请参考文献[2]中定理 3.3.1.

例 2.3　每个可数顺从群都是 Surjunctive 群,有关详细的证明过程请参考文献[2]中定理 5.9.1.

2.2　Sofic　群

Gottschalk 在文献[4]中提出了一个公开问题:是不是每个可数群都为 Surjunctive 群? 为了研究这个问题,Gromov 在文献[7]中引入了 Sofic 群的概念,同时他证明了每个可数 Sofic 群是 Surjunctive 群.

对每个正整数 d,记[d]为集合 $\{1, \cdots, d\}$,记 Sym(d) 为[d]的置换群.

定义 2.3　一个可数群 G 称为是 Sofic 群,如果存在 G 的一个 Sofic 逼近序列 $\Sigma = \{\sigma_i : G \to \text{Sym}(d_i)\}_{i=1}^{\infty}$,亦即下述三个条件都满足:

(1) 对任意的 $s, t \in G$,有

$$\lim_{i \to \infty} \frac{|\{a \in [d_i] : \sigma_i(s)\sigma_i(t)(a) = \sigma_i(st)(a)\}|}{d_i} = 1$$

(2) 对任意不同的 $s, t \in G$,有

$$\lim_{i \to \infty} \frac{|\{a \in [d_i] : \sigma_i(s)(a) = \sigma_i(t)(a)\}|}{d_i} = 0$$

(3) $\lim\limits_{i \to \infty} d_i = +\infty$.

有关 Sofic 群的详细介绍请参考文献[2]中第 7 章、文献[13]中第 10 章和文献[15].

下面列举一些 Sofic 群的例子.

例 2.4　每个有限群都是 Sofic 群.

例 2.5　每个可数无限顺从群都是 Sofic 群.

设 G 是一个可数无限顺从群,从而 G 有一个左的 Følner 序列 $\{F_n\}_{n=1}^{\infty}$. 对于

每个 $s \in G$ 和 $n \in \mathbb{N}^*$，选取一个双射 $\tau_n(s): F_n \backslash s^{-1} F_n \to F_n \backslash s F_n$. 定义映射 $\sigma_n:$ $G \to \mathrm{Sym}(F_n)$ 如下：

$$\sigma_n(s)(t) = \begin{cases} st, & t \in F_n \cap s^{-1} F_n \\ \tau_n(s)(t), & t \in F_n \backslash s^{-1} F_n \end{cases}$$

于是 $\Sigma = \{\sigma_n: G \to \mathrm{Sym}(F_n)\}_{n=1}^{\infty}$ 是 G 的一个 Sofic 逼近序列，从而 G 是 Sofic 群.

例 2.6　每个可数无限剩余有限群都是 Sofic 群.

设 G 是一个可数无限剩余有限群，存在一列具有有限指标的正规子群 $\{H_n\}_{n=1}^{\infty}$ 使得 $H_1 \supseteq \cdots \supseteq H_n \supseteq \cdots$ 且 $\bigcap_{n=1}^{\infty} H_n = \{e_G\}$，这里 e_G 为 G 的单位元.

定义映射 $\sigma_n: G \to \mathrm{Sym}(G/H_n)$ 如下：

$$\sigma_n(s)(tH_n) = stH_n$$

于是 $\Sigma = \{\sigma_n: G \to \mathrm{Sym}(G/H_n)\}_{n=1}^{\infty}$ 是 G 的一个 Sofic 逼近序列，从而 G 是 Sofic 群.

是否每个可数群都是 Sofic 群，这仍然是一个悬而未决的问题. 在过去的几年里，可数顺从群作用的熵理论和平均维数理论已经被推广到可数 Sofic 群的作用，有关详细的介绍请参考文献[1]，[10]，[11]，[12]，[13]，[14].

第 3 章　Voiculescu 维数

在本章中,假定 X 是一个复 Banach 空间,G 是一个可数顺从群且在 X 上有一个等距的线性作用 $G \curvearrowright X$,亦即 G 在 X 上有一个左作用 $G \curvearrowright X$ 且满足下述两个条件:

(1) 对任意的 $s \in G, \alpha, \beta \in \mathbb{C}, x, y \in X$,都有 $s(\alpha x + \beta y) = \alpha sx + \beta sy$;

(2) 对任意的 $s \in G, x \in X$,都有 $\| sx \| = \| x \|$.

设 E 是一个非空集合,记 $F(E)$ 为 E 的所有非空有限子集的全体.

3.1　Voiculescu 维数的定义

先回顾一下 Voiculescu 在参考文献 [16] 中首先引入的 $d_\varepsilon(A)$ 维数.

定义 3.1　设 V 是一个 Banach 空间,设 A 是 V 的一个非空子集且 $\varepsilon > 0$,一个非空子集 $W \subseteq V$ 称为是 ε – 包含 A,记为 $A \subseteq_\varepsilon W$,如果对每个 $u \in A$,存在某个 $v \in W$ 使得 $\| u - v \| < \varepsilon$.设 A 是 V 的一个非空有限子集,记 $d_\varepsilon(A)$ 为 ε – 包含 A 的线性子空间的最小维数.

接下来回顾一下 Voiculescu 在文献 [16] 中引入的 Voiculescu 维数 $\mathrm{vdim}(X)$.

对 $K \in F(G)$ 以及 $\delta > 0$,记

$$B(K, \delta) = \{ F \in F(G) : | KF \backslash F | < \delta | F | \}$$

设 $\varphi : F(G) \rightarrow \mathbb{R}$ 是一个实值函数,称当 $F \in F(G)$ 越来越左不变时,$\varphi(F)$ 收敛于 $c \in \mathbb{R}$,记为 $\lim_F \varphi(F) = c$,如果对任意的 $\varepsilon > 0$,存在某个 $K \in F(G)$ 以

及 $\delta > 0$，使得对任意的 $F \in B(K,\delta)$ 有 $|\varphi(F) - c| < \varepsilon$.

下述次可加结果是有名的 Ornstein – Weiss 引理，有关详细的证明过程请参考文献[13]中定理 4.38.

引理 3.1　设 G 是一个可数顺从群，如果 $\varphi : F(G) \to \mathbb{R}$ 是一个实值函数且满足如下条件：

(1) 对任意的 $F \in F(G)$，有 $0 \leqslant \varphi(F) < +\infty$；

(2) 对任意的 $F_1, F_2 \in F(G)$ 且 $F_1 \subseteq F_2$，有 $\varphi(F_1) \leqslant \varphi(F_2)$；

(3) 对任意的 $F \in F(G)$ 以及 $s \in G$，有 $\varphi(Fs) = \varphi(F)$；

(4) 对任意的 $F_1, F_2 \in F(G)$ 且 $F_1 \cap F_2 = \varnothing$，有 $\varphi(F_1 \cup F_2) \leqslant \varphi(F_1) + \varphi(F_2)$.

则当 $F \in F(G)$ 越来越左不变时，$\dfrac{1}{|F|}\varphi(F)$ 收敛于某个极限 b. 此外，对 G 的任意一个左的 Følner 序列 $\{F_n\}_{n=1}^{\infty}$，有 $\lim\limits_{n \to \infty} \dfrac{1}{|F_n|}\varphi(F_n) = b$.

引理 3.2　设 X 是一个复 Banach 空间，G 是一个可数顺从群且在 X 上有一个等距的线性作用 $G \curvearrowright X$. 设 $A \in F(X)$ 且 $\varepsilon > 0$. 定义 $\varphi_{A,\varepsilon} : F(G) \to \mathbb{R}$ 为 $\varphi_{A,\varepsilon}(F) = d_{\varepsilon}(F^{-1}A)$. 则下述事实是成立的：

(1) 对任意的 $F \in F(G)$，有 $0 \leqslant \varphi_{A,\varepsilon}(F) < +\infty$；

(2) 对任意的 $F_1, F_2 \in F(G)$ 且 $F_1 \subseteq F_2$，有 $\varphi_{A,\varepsilon}(F_1) \leqslant \varphi_{A,\varepsilon}(F_2)$；

(3) 对任意的 $F \in F(G)$ 以及 $s \in G$，有 $\varphi_{A,\varepsilon}(Fs) = \varphi_{A,\varepsilon}(F)$；

(4) 对任意的 $F_1, F_2 \in F(G)$，有 $\varphi_{A,\varepsilon}(F_1 \cup F_2) \leqslant \varphi_{A,\varepsilon}(F_1) + \varphi_{A,\varepsilon}(F_2)$.

证明　论断 (1),(2),(3),(4) 是明显的.　　　　　　■

命题 3.1　设 X 是一个复 Banach 空间，G 是一个可数顺从群且在 X 上有一个等距的线性作用 $G \curvearrowright X$. 设 $A \in F(X)$ 且 $\varepsilon > 0$. 定义 $\varphi_{A,\varepsilon} : F(G) \to \mathbb{R}$ 为

$\varphi_{A,\varepsilon}(F) = d_\varepsilon(F^{-1}A)$. 则 $\lim\limits_{F} \dfrac{\varphi_{A,\varepsilon}(F)}{\mid F \mid}$ 存在. 此外, 对 G 的任意一个左的 Følner 序列 $\{F_n\}_{n=1}^{\infty}$, 有

$$\lim_{n\to\infty} \frac{\varphi_{A,\varepsilon}(F_n)}{\mid F_n \mid} = \lim_{F} \frac{\varphi_{A,\varepsilon}(F)}{\mid F \mid}$$

证明　　可由引理 3.1 以及引理 3.2 直接得到.

  ■

定义 3.2　　设 X 是一个复 Banach 空间, G 是一个可数顺从群且在 X 上有一个等距的线性作用 $G \curvearrowright X$. 设 $A \in F(X)$ 且 $\varepsilon > 0$, 定义

$$\mathrm{vdim}(A,\varepsilon) = \lim_{F} \frac{d_\varepsilon(F^{-1}A)}{\mid F \mid}$$

$$\mathrm{vdim}(X) = \sup_{A \in F(X)} \sup_{\varepsilon > 0} \mathrm{vdim}(A,\varepsilon)$$

如果这个等距线性作用 $G \curvearrowright X$ 需要被强调, 那么把 $\mathrm{vdim}(X)$ 记作 $\mathrm{vdim}(G \curvearrowright X)$.

3.2　Voiculescu 维数的次可加性

在本节中证明 Voiculescu 维数 $\mathrm{vdim}(G \curvearrowright X)$ 在正合列下是次可加的.

定义 3.3　　设 X 是一个有限集, $\lambda > 0, \varepsilon > 0$. 称 X 的一个子集族 $\{A_1, \cdots, A_n\}$:

(1) λ – 覆盖 X, 如果 $\mid \bigcup\limits_{i=1}^{n} A_i \mid \geq \lambda \mid X \mid$;

(2) 是 ε – 互不相交的, 如果存在两两互不相交的集合 $\hat{A}_i \subseteq A_i$, 使得对任意的 $i \in \{1, \cdots, n\}$ 有

$$\mid \hat{A}_i \mid \geq (1 - \varepsilon) \mid A_i \mid$$

定义 3.4　　设 F 和 A 是可数群 G 的有限子集, $\varepsilon > 0$. 称 A 是 (F, ε) – 不变

的,如果

$$| \{s \in A : Fs \subseteq A\} | \geqslant (1 - \varepsilon) | A |$$

定义 3.5　设 F 和 A 是可数群 G 的有限子集,定义 A 的 F - 边界为

$$\partial_F A = \{s \in G : Fs \cap A \neq \varnothing \text{ 且 } Fs \cap A^c \neq \varnothing\}$$

定义 3.6　设 A 是可数群 G 的一个有限子集且 $\varepsilon > 0$. 由 G 的有限子集所构成的一个子集族 $\{F_1, \cdots, F_n\}$ 称为是 ε - quasitile A,如果存在有限子集 $C_1, \cdots, C_n \subseteq G$ 使得 $\overset{n}{\underset{i=1}{\cup}} F_i C_i \subseteq A$ 以及由右平移所构成的子集族 $\overset{n}{\underset{i=1}{\cup}} \{F_i c : c \in C_i\}$ 是 ε - 互不相交的且 $(1 - \varepsilon)$ - 覆盖 A.

为了刻画 Voiculescu 维数 $\mathrm{vdim}(G \curvearrowright X)$ 的次可加性,要用到下述的 Ornstein - Weiss quasitiling 定理,详细的证明过程请参考文献[13] 中定理 4.36.

定理 3.1　设 $0 < \varepsilon < \dfrac{1}{2}$ 且 n 是一个正整数,使得 $\left(1 - \dfrac{\varepsilon}{2}\right)^n < \varepsilon$. 设 G 是一个可数顺从群. 则当 $e_G \in F_1 \subseteq F_2 \subseteq \cdots \subseteq F_n$ 是群 G 的有限子集且对任意的 $i = 2, \cdots, n$ 有 $| \partial_{F_{i-1}} F_i | \leqslant \dfrac{\varepsilon}{8} | F_i |$ 时,G 的每个 $\left(F_n, \dfrac{\varepsilon}{4}\right)$ - 不变有限子集可以被 $\{F_1, \cdots, F_n\}$ ε - quasitiled.

接下来叙述 Voiculescu 维数 $\mathrm{vdim}(G \curvearrowright X)$ 的次可加性.

定理 3.2　设 X 是一个复 Banach 空间,G 是一个可数顺从群且在 X 上有一个等距线性作用 $G \curvearrowright X$. 设 $Y \subseteq X$ 是一个闭 G - 不变(亦即对任意的 $s \in G$ 有 $sY = \{sx : x \in Y\} \subseteq Y$) 线性子空间,则

$$\mathrm{vdim}(X) \leqslant \mathrm{vdim}(Y) + \mathrm{vdim}(X/Y)$$

证明　记 $\pi : X \to X/Y$ 为商映射. 设 $0 < \theta < 1$. 只需证明

$$\mathrm{vdim}(X) \leqslant \mathrm{vdim}(Y) + \mathrm{vdim}(X/Y) + 5\theta$$

设 $A \in F(X)$ 且 $\varepsilon > 0$. 只需证明

$$\mathrm{vdim}(A, 2\varepsilon) \leqslant \mathrm{vdim}(Y) + \mathrm{vdim}(\pi(A), \varepsilon) + 5\theta$$

选取 $0 < \eta < \dfrac{1}{2}$ 使得

$$\frac{1}{1 - \dfrac{\eta}{|A|}}(\mathrm{vdim}(\pi(A), \varepsilon) + \theta) \leqslant \mathrm{vdim}(\pi(A), \varepsilon) + 2\theta$$

且 $0 < \eta \leqslant \theta$. 设 n 是一个正整数使得

$$\left(1 - \frac{\eta}{2|A|}\right)^n < \frac{\eta}{|A|}$$

由于 G 是可数顺从群, 可以选取一个由 G 的有限子集所构成的子集族 $\{F_1, \cdots, F_n\}$ 满足:

(1) $e_G \in F_1 \subseteq F_2 \subseteq \cdots \subseteq F_n$;

(2) 对任意的 $i = 2, \cdots, n$, 有 $|\partial_{F_{i-1}} F_i| \leqslant \dfrac{\eta}{8|A|}|F_i|$;

(3) 对任意的 $i = 1, \cdots, n$, 有 $\dfrac{d_\varepsilon(F_i^{-1}\pi(A))}{|F_i|} \leqslant \mathrm{vdim}(\pi(A), \varepsilon) + \theta$.

对每个 $i \in \{1, \cdots, n\}$, 设 $\overline{W_i} \subseteq X/Y$ 是一个线性子空间且满足 $\overline{W_i}\varepsilon$ – 包含 $F_i^{-1}\pi(A)$ 以及 $\dim_{\mathbb{C}} \overline{W_i} = d_\varepsilon(F_i^{-1}\pi(A))$. 于是可以选取 X 的一个线性子空间 W_i 且 $\dim_{\mathbb{C}} W_i = \dim_{\mathbb{C}} \overline{W_i}$, 以及 Y 的一个满足 $F_i^{-1}A \subseteq_\varepsilon W_i + B_i$ 的有限子集 B_i.

只需证明

$$\mathrm{vdim}(A, 2\varepsilon) \leqslant \mathrm{vdim}\left(\bigcup_{i=1}^{n} F_i B_i, \varepsilon\right) + \mathrm{vdim}(\pi(A), \varepsilon) + 5\theta$$

选取 G 的一个非空有限子集 F, 使得 F 是 $\left(F_n, \dfrac{\eta}{4|A|}\right)$ – 不变的, 且:

(1) $\dfrac{d_{2\varepsilon}(F^{-1}A)}{|F|} \geqslant \mathrm{vdim}(A, 2\varepsilon) - \theta$;

(2) $\dfrac{d_\varepsilon\left(F^{-1}\bigcup_{i=1}^{n} F_i B_i\right)}{|F|} \leqslant \mathrm{vdim}\left(\bigcup_{i=1}^{n} F_i B_i, \varepsilon\right) + \theta$.

由定理 3.1 知 F 可以被 $\{F_1,\cdots,F_n\}\ \dfrac{\eta}{|A|}$ – quasitiled. 于是存在有限子集

$C_1,\cdots,C_n \subseteq G$ 使得 $\bigcup\limits_{i=1}^{n} F_iC_i \subseteq F$,以及由右平移所构成的集族 $\bigcup\limits_{i=1}^{n}\{F_ic:c\in C_i\}$

是 $\dfrac{\eta}{|A|}$ – 互不相交的且 $\left(1-\dfrac{\eta}{|A|}\right)$ – 覆盖 F.

只需证明

$$\frac{d_{2\varepsilon}(F^{-1}A)}{|F|} \leq \mathrm{vdim}(\bigcup\limits_{i=1}^{n} F_iB_i,\varepsilon) + \mathrm{vdim}(\pi(A),\varepsilon) + 4\theta$$

注意到

$$d_{2\varepsilon}(F^{-1}A) \leq d_{2\varepsilon}((\bigcup\limits_{i=1}^{n} F_iC_i)^{-1}A) + d_{2\varepsilon}((F\backslash\bigcup\limits_{i=1}^{n} F_iC_i)^{-1}A)$$

$$\leq d_{2\varepsilon}((\bigcup\limits_{i=1}^{n} F_iC_i)^{-1}A) + \frac{\eta}{|A|}\cdot|F|\cdot|A|$$

$$\leq d_{2\varepsilon}((\bigcup\limits_{i=1}^{n} F_iC_i)^{-1}A) + \theta\cdot|F|$$

设 $U\subseteq X$ 是一个线性子空间且满足 $U\varepsilon$ – 包含 $F^{-1}\bigcup\limits_{i=1}^{n} F_iB_i$ 以及

$$\dim_{\mathbb{C}} U = d_{\varepsilon}(F^{-1}\bigcup\limits_{i=1}^{n} F_iB_i)$$

论断 I : $(\bigcup\limits_{i=1}^{n} F_iC_i)^{-1}A \subseteq_{2\varepsilon}(\sum\limits_{i=1}^{n}\sum\limits_{c\in C_i} c^{-1}W_i) + U.$

设 $k\in\{1,\cdots,n\}, s\in F_k, c\in C_k, a\in A.$ 由于 $F_k^{-1}A\subseteq_{\varepsilon} W_k + B_k$,从而存在

$w\in W_k$ 以及 $b\in B_k$,使得 $\|s^{-1}a-(w+b)\| < \varepsilon.$ 由于 $F^{-1}\bigcup\limits_{i=1}^{n} F_iB_i\subseteq_{\varepsilon}U$ 且

$c^{-1}b\in F^{-1}\bigcup\limits_{i=1}^{n} F_iB_i$,从而存在某个 $u\in U$,使得 $\|c^{-1}b-u\| < \varepsilon.$

于是

$$\|(sc)^{-1}a-(c^{-1}w+u)\| = \|c^{-1}s^{-1}a-(c^{-1}w+u)\|$$

$$\leq \|c^{-1}s^{-1}a-(c^{-1}w+c^{-1}b)\| + \|c^{-1}b-u\|$$

$$< \varepsilon + \varepsilon = 2\varepsilon$$

这就证明了论断 I. 所以

$$d_{2\varepsilon}((\bigcup_{i=1}^{n} F_i C_i)^{-1} A) \leqslant \dim_{\mathbb{C}} (\sum_{i=1}^{n} \sum_{c \in C_i} c^{-1} W_i) + \dim_{\mathbb{C}} U$$

$$\leqslant \sum_{i=1}^{n} |C_i| \cdot \dim_{\mathbb{C}} W_i + d_{\varepsilon}(F^{-1} \bigcup_{i=1}^{n} F_i B_i)$$

$$\leqslant \sum_{i=1}^{n} |C_i| \cdot |F_i| \cdot (\mathrm{vdim}(\pi(A), \varepsilon) + \theta) +$$

$$d_{\varepsilon}(F^{-1} \bigcup_{i=1}^{n} F_i B_i)$$

$$\leqslant \sum_{i=1}^{n} |C_i| \cdot |F_i| \cdot (\mathrm{vdim}(\pi(A), \varepsilon) + \theta) +$$

$$(\mathrm{vdim}(\bigcup_{i=1}^{n} F_i B_i, \varepsilon) + \theta) \cdot |F|$$

论断 $\mathrm{II}: \sum_{i=1}^{n} |C_i| \cdot |F_i| \leqslant \dfrac{|F|}{1 - \dfrac{\eta}{|A|}}$.

由于由右平移所构成的子集族 $\bigcup_{i=1}^{n} \{F_i c : c \in C_i\}$ 是 $\dfrac{\eta}{|A|}$ – 互不相交的,从而对任意的 $i \in \{1, \cdots, n\}$ 以及 $c \in C_i$,存在两两互不相交的集合 $F_{i,c} \subseteq F_i c$,使得 $|F_{i,c}| \geqslant \left(1 - \dfrac{\eta}{|A|}\right) |F_i c|$. 于是

$$\sum_{i=1}^{n} |C_i| \cdot |F_i| = \sum_{i=1}^{n} \sum_{c \in C_i} |F_i c|$$

$$\leqslant \sum_{i=1}^{n} \sum_{c \in C_i} \dfrac{1}{1 - \dfrac{\eta}{|A|}} |F_{i,c}|$$

$$= \dfrac{1}{1 - \dfrac{\eta}{|A|}} |\bigcup_{i=1}^{n} \bigcup_{c \in C_i} F_{i,c}|$$

$$\leqslant \dfrac{|F|}{1 - \dfrac{\eta}{|A|}}$$

这就证明了论断 II. 从而

$$d_{2\varepsilon}((\bigcup_{i=1}^{n} F_i C_i)^{-1}A) \leqslant \frac{|F|}{1 - \dfrac{\eta}{|A|}} \cdot (\mathrm{vdim}(\pi(A),\varepsilon) + \theta) +$$

$$(\mathrm{vdim}(\bigcup_{i=1}^{n} F_i B_i,\varepsilon) + \theta) \cdot |F|$$

$$\leqslant (\mathrm{vdim}(\pi(A),\varepsilon) + 2\theta) \cdot |F| +$$

$$(\mathrm{vdim}(\bigcup_{i=1}^{n} F_i B_i,\varepsilon) + \theta) \cdot |F|$$

以及

$$d_{2\varepsilon}(F^{-1}A) \leqslant (\mathrm{vdim}(\pi(A),\varepsilon) + 2\theta) \cdot |F| +$$

$$(\mathrm{vdim}(\bigcup_{i=1}^{n} F_i B_i,\varepsilon) + \theta) \cdot |F| + \theta \cdot |F|$$

所以

$$\frac{d_{2\varepsilon}(F^{-1}A)}{|F|} \leqslant \mathrm{vdim}(\bigcup_{i=1}^{n} F_i B_i,\varepsilon) + \mathrm{vdim}(\pi(A),\varepsilon) + 4\theta$$

$\blacksquare$

注记 3.1　Voiculescu 在文献[16] 中对一般复 Hilbert 空间 X 上的可数顺从群 G 的等距线性作用 $G \curvearrowright X$ 证明了 $\mathrm{vdim}(G \curvearrowright X)$ 在正合列下是可加的,亦即如果 $Y \subseteq X$ 是一个闭 G – 不变线性子空间, 则 $\mathrm{vdim}(X) = \mathrm{vdim}(Y) + \mathrm{vdim}(X/Y)$. 但 Voiculescu 在文献[16] 中对一般复 Banach 空间 X 上的可数顺从群 G 的等距线性作用 $G \curvearrowright X$ 却没有建立起上述可加性这个结果,甚至也没有建立起 $\mathrm{vdim}(G \curvearrowright X)$ 在正合列下是次可加的这个结果. 在本节中对一般复 Banach 空间 X 上的可数顺从群 G 的等距线性作用 $G \curvearrowright X$ 建立起了 $\mathrm{vdim}(G \curvearrowright X)$ 在正合列下是次可加的这个结果.

3.3　Voiculescu 维数与 von Neumann 维数的联系

在本节中总是假定 G 是一个可数顺从群,e_G 是 G 的单位元. 此外记 $\mathbb{C}^G =$

$\{f:G \to \mathbb{C}\}$.

对 $s \in G$, 将 $\gamma_s \in \mathbb{C}^G$ 定义为

$$\gamma_s(t) = \begin{cases} 1, & t = s \\ 0, & t \ne s \end{cases}$$

记 $l^2(G,\mathbb{C}) = \{f:G \to \mathbb{C} \mid \sum_{s \in G} |f(s)|^2 < +\infty\}$. $l^2(G,\mathbb{C})$ 关于内积 $\langle \cdot,\cdot \rangle$ 构

成了一个复 Hilbert 空间,这里

$$\langle f,g \rangle = \sum_{s \in G} f(s)\overline{g(s)} \, (f,g \in l^2(G,\mathbb{C}))$$

G 在 $l^2(G,\mathbb{C})$ 上有一个自然的左平移作用:对 $s \in G$ 以及 $f \in l^2(G,\mathbb{C})$,定

义 $sf \in l^2(G,\mathbb{C})$ 为

$$(sf)(t) = f(s^{-1}t) \quad (t \in G)$$

显然

$$s(\alpha f + \beta g) = \alpha(sf) + \beta(sg) \quad (s \in G, f,g \in l^2(G,\mathbb{C}), \alpha,\beta \in \mathbb{C})$$

且

$$\|sf\| = \|f\| \quad (s \in G, f \in l^2(G,\mathbb{C}))$$

从而上述左平移作用是一个等距的线性作用.

记 $l^2(\mathbb{N}^*, l^2(G,\mathbb{C})) = \{f:\mathbb{N}^* \to l^2(G,\mathbb{C}) \mid \sum_{n=1}^{\infty} \|f(n)\|^2 < +\infty\}$.

$l^2(\mathbb{N}^*, l^2(G,\mathbb{C}))$ 关于内积 $\langle \cdot,\cdot \rangle$ 构成了一个复 Hilbert 空间,这里

$$\langle f,g \rangle = \sum_{n=1}^{\infty} \langle f(n), g(n) \rangle \quad (f,g \in l^2(\mathbb{N}^*, l^2(G,\mathbb{C})))$$

G 在 $l^2(\mathbb{N}^*, l^2(G,\mathbb{C}))$ 上有一个自然的左平移等距线性作用:对 $s \in G$ 以及 $f \in$

$l^2(\mathbb{N}^*, l^2(G,\mathbb{C}))$,定义

$$sf \in l^2(\mathbb{N}^*, l^2(G,\mathbb{C}))$$

为

$$(sf)(n) = s(f(n)) \quad (n \in \mathbb{N}^*)$$

接下来回顾一下 von Neumann 维数的概念.

设 Y 是 $l^2(\mathbb{N}^*, l^2(G, \mathbb{C}))$ 的一个闭线性子空间,则 Y 的 von Neumann 维数定义为

$$\dim_G(Y) = \sum_{i=1}^{\infty} \langle P_Y(\delta_i \gamma_{e_G}), \delta_i \gamma_{e_G} \rangle$$

这里

$$P_Y : l^2(\mathbb{N}^*, l^2(G, \mathbb{C})) \to Y$$

为由 $l^2(\mathbb{N}^*, l^2(G, \mathbb{C}))$ 到 Y 上的正交投影算子; $\delta_i \gamma_{e_G} \in l^2(\mathbb{N}^*, l^2(G, \mathbb{C}))$ 在第 i 个位置取值为 γ_{e_G},在其余位置取值为 0; $\langle \cdot, \cdot \rangle$ 代表 $l^2(\mathbb{N}^*, l^2(G, \mathbb{C}))$ 上通常的内积.

在本节中主要证明下述结果.

定理 3.3　设 G 是一个可数顺从群, Y 是 $l^2(\mathbb{N}^*, l^2(G, \mathbb{C}))$ 的一个闭 G – 不变线性子空间,则

$$\mathrm{vdim}(G \curvearrowright Y) = \dim_G(Y)$$

为证明上述定理,需要如下的引理.

引理 3.3　设 H 是一个复 Hilbert 空间, $\{\eta_1, \cdots, \eta_k\}$ 是 H 中的一个正交规范集. 设 $V = \mathrm{span}_{\mathbb{C}}\{\eta_j : 1 \le j \le k\}$ 且 $P_V : H \to V$ 为由 H 到 V 上的正交投影算子. 设 X 是一个复 Hilbert 空间, $T : H \to X$ 是一个有界线性算子且 $\|T\| \le 1$, $\varepsilon > 0$. 则

$$d_\varepsilon(\{T(\eta_1), \cdots, T(\eta_k)\}) \ge -k\varepsilon + Tr(P_V T^* T P_V)$$

略去上述引理的证明过程,有关详细的证明过程请参考文献[8]中引理 5.2.

引理 3.4　设 G 是一个可数顺从群, Y 是 $l^2(G, \mathbb{C})^{\oplus n}$ 的一个闭 G – 不变线性子空间. 设 $P_Y : l^2(G, \mathbb{C})^{\oplus n} \to Y$ 为由 $l^2(G, \mathbb{C})^{\oplus n}$ 到 Y 上的正交投影算子. 则

$$\mathrm{vdim}(G \curvearrowright Y) \ge \dim_G(Y)$$

这里

$$\dim_G(Y) = \sum_{i=1}^{n} \langle P_Y(\delta_i \gamma_{e_G}), \delta_i \gamma_{e_G} \rangle$$

证明   设 $\varepsilon > 0$ 且 $\{F_m\}_{m=1}^{\infty}$ 是 G 的一个左的 Følner 序列. 从而

$$\text{vdim}(G \curvearrowright Y) \geq \lim_{m \to \infty} \frac{d_\varepsilon(F_m^{-1}\{P_Y(\delta_1 \gamma_{e_G}), \cdots, P_Y(\delta_n \gamma_{e_G})\})}{|F_m|}$$

$$= \lim_{m \to \infty} \frac{d_\varepsilon(\{P_Y(s^{-1}\delta_i \gamma_{e_G}) : s \in F_m, 1 \leq i \leq n\})}{|F_m|}$$

由引理 3.3 有

$$d_\varepsilon(\{P_Y(s^{-1}\delta_i \gamma_{e_G}) : s \in F_m, 1 \leq i \leq n\})$$

$$\geq -|F_m| n\varepsilon + \sum_{\substack{s \in F_m \\ 1 \leq i \leq n}} \|P_Y(s^{-1}\delta_i \gamma_{e_G})\|^2$$

$$= -|F_m| n\varepsilon + |F_m| \cdot \sum_{i=1}^{n} \langle P_Y(\delta_i \gamma_{e_G}), \delta_i \gamma_{e_G} \rangle$$

于是

$$\lim_{m \to \infty} \frac{d_\varepsilon(\{P_Y(s^{-1}\delta_i \gamma_{e_G}) : s \in F_m, 1 \leq i \leq n\})}{|F_m|}$$

$$\geq -n\varepsilon + \sum_{i=1}^{n} \langle P_Y(\delta_i \gamma_{e_G}), \delta_i \gamma_{e_G} \rangle$$

所以

$$\text{vdim}(G \curvearrowright Y) \geq -n\varepsilon + \sum_{i=1}^{n} \langle P_Y(\delta_i \gamma_{e_G}), \delta_i \gamma_{e_G} \rangle$$

令 $\varepsilon \to 0+$, 有 $\text{vdim}(G \curvearrowright Y) \geq \dim_G(Y)$.

需要下述的 Voiculescu 引理, 有关详细的证明过程请参考文献 [16] 中定理 8.5.

引理 3.5   设 H_1, H_2 是两个复 Hilbert 空间, $H = H_1 \oplus H_2$. 设 $\Omega_j \in F(H_j)$

$(j = 1,2)$ 并且存在 $C_1, C_2 > 0$, 使得对任意的 $\xi \in \Omega_j (j = 1,2)$ 有 $C_1 \leqslant \| \xi \| \leqslant C_2$. 如果 $0 < \delta < C_1$, 则

$$d_{C_2^{-1}\delta}(\Omega_1 \oplus \{0\} \cup \{0\} \oplus \Omega_2) \geqslant d_{C_1^{-1}\sqrt{4\delta}}(\Omega_1) + d_{C_1^{-1}\sqrt{4\delta}}(\Omega_2)$$

引理 3.6　设 X, Y 是两个复 Hilbert 空间. 设 G 是一个可数顺从群, $G \curvearrowright X$ 和 $G \curvearrowright Y$ 是两个等距的线性作用. 则

$$\mathrm{vdim}(X \oplus Y) = \mathrm{vdim}(X) + \mathrm{vdim}(Y)$$

证明　由定理 3.2 有

$$\mathrm{vdim}(X \oplus Y) \leqslant \mathrm{vdim}(X) + \mathrm{vdim}(Y)$$

由引理 3.5 有

$$\mathrm{vdim}(X \oplus Y) \geqslant \mathrm{vdim}(X) + \mathrm{vdim}(Y)$$

从而

$$\mathrm{vdim}(X \oplus Y) = \mathrm{vdim}(X) + \mathrm{vdim}(Y)$$

∎

引理 3.7　设 G 是一个可数顺从群, Y 是 $l^2(G, \mathbb{C})^{\oplus n}$ 的一个闭 G – 不变线性子空间. 设 $P_Y : l^2(G, \mathbb{C})^{\oplus n} \to Y$ 为由 $l^2(G, \mathbb{C})^{\oplus n}$ 到 Y 上的正交投影算子. 则

$$\mathrm{vdim}(G \curvearrowright Y) = \dim_G(Y)$$

这里

$$\dim_G(Y) = \sum_{i=1}^{n} \langle P_Y(\delta_i \gamma_{e_G}), \delta_i \gamma_{e_G} \rangle$$

证明　如果上述不成立, 由引理 3.4 有

$$\mathrm{vdim}(G \curvearrowright Y) > \dim_G(Y)$$

记 $Y^{\perp}$ 为 Y 的正交补, 则

$$\mathrm{vdim}(G \curvearrowright Y^{\perp}) \geqslant \dim_G(Y^{\perp})$$

于是

$$\mathrm{vdim}(G \curvearrowright Y) + \mathrm{vdim}(G \curvearrowright Y^{\perp}) > \dim_G(Y) + \dim_G(Y^{\perp})$$

由引理 3.6 有

$$\text{vdim}(G \curvearrowright Y) + \text{vdim}(G \curvearrowright Y^\perp) = \text{vdim}(G \curvearrowright l^2(G,\mathbb{C})^{\oplus n}) = n$$

然而 $\dim_G(Y) + \dim_G(Y^\perp) = n$，得到 $n > n$，这是一个矛盾.

故 $\text{vdim}(G \curvearrowright Y) = \dim_G(Y)$. ∎

命题3.2　设 X, Y 是两个复 Banach 空间. 设 G 是一个可数顺从群且在 X 上有一个等距的线性作用 $G \curvearrowright X$，在 Y 上也有一个等距的线性作用 $G \curvearrowright Y$. 假设存在一个 G – 同变的（亦即 $T(sx) = sT(x)$（$\forall s \in G, \forall x \in X$））有界线性映射 $T : X \to Y$ 且具有稠密的值域. 则

$$\text{vdim}(G \curvearrowright Y) \leqslant \text{vdim}(G \curvearrowright X)$$

证明　设 $A \in F(Y)$ 且 $\varepsilon > 0$. 只需证明

$$\text{vdim}(A, (\|T\| + 1)\varepsilon) \leqslant \text{vdim}(G \curvearrowright X)$$

由于 T 有稠密的值域，从而存在 $B \in F(X)$ 使得 $A \subseteq_\varepsilon T(B)$. 只需证明

$$\text{vdim}(A, (\|T\| + 1)\varepsilon) \leqslant \text{vdim}(B, \varepsilon)$$

设 $F \in F(G)$. 只需证明

$$d_{(\|T\|+1)\varepsilon}(F^{-1}A) \leqslant d_\varepsilon(F^{-1}B)$$

设 $U \subseteq X$ 是一个线性子空间且 $F^{-1}B \subseteq_\varepsilon U$. 从而 $F^{-1}A \subseteq_{(\|T\|+1)\varepsilon} T(U)$，这表明

$$d_{(\|T\|+1)\varepsilon}(F^{-1}A) \leqslant d_\varepsilon(F^{-1}B)$$ ∎

需要下述的引理，有关详细的证明过程请参考文献[8] 中引理 5.8.

引理3.8　设 G 是一个可数离散群，Y 是 $l^2(\mathbb{N}^*, l^2(G,\mathbb{C}))$ 的一个闭 G – 不变线性子空间. 对 $n \in \mathbb{N}^*$，定义 $\pi_n : l^2(\mathbb{N}^*, l^2(G,\mathbb{C})) \to l^2(G,\mathbb{C})^{\oplus n}$ 为

$$\pi_n(f)(j) = f(j) \quad (f \in l^2(\mathbb{N}^*, l^2(G,\mathbb{C})), 1 \leqslant j \leqslant n)$$

则

$$\dim_G(Y) = \sup_{n \in \mathbb{N}^*} \dim_G(\overline{\pi_n(Y)})$$

引理 3.9　设 G 是一个可数顺从群. 设 Y 是 $l^2(\mathbb{N}^*, l^2(G, \mathbb{C}))$ 的一个闭

G – 不变线性子空间. 对 $n \in \mathbb{N}^*$, 定义 $\pi_n : l^2(\mathbb{N}^*, l^2(G, \mathbb{C})) \to l^2(G, \mathbb{C})^{\oplus n}$ 为

$$\pi_n(f)(j) = f(j) \quad (f \in l^2(\mathbb{N}^*, l^2(G, \mathbb{C})), 1 \le j \le n)$$

则

$$\mathrm{vdim}(G \curvearrowright Y) = \sup_{n \in \mathbb{N}^*} \mathrm{vdim}(G \curvearrowright \overline{\pi_n(Y)})$$

证明　由命题 3.2 有

$$\mathrm{vdim}(G \curvearrowright Y) \ge \sup_{n \in \mathbb{N}^*} \mathrm{vdim}(G \curvearrowright \overline{\pi_n(Y)})$$

只需证明

$$\mathrm{vdim}(G \curvearrowright Y) \le \sup_{n \in \mathbb{N}^*} \mathrm{vdim}(G \curvearrowright \overline{\pi_n(Y)})$$

设 $A \in F(Y)$ 以及 $\varepsilon > 0$. 只需证明

$$\mathrm{vdim}(A, \varepsilon) \le \sup_{n \in \mathbb{N}^*} \mathrm{vdim}(G \curvearrowright \overline{\pi_n(Y)})$$

可以找到 $k \in \mathbb{N}^*$, 使得对任意的 $f \in A$, 有 $\left(\sum_{j=k+1}^{\infty} \| f(j) \|^2 \right)^{\frac{1}{2}} < \dfrac{\varepsilon}{2}$.

只需证明

$$\mathrm{vdim}(A, \varepsilon) \le \mathrm{vdim}\left(\pi_k(A), \frac{\varepsilon}{2} \right)$$

设 $F \in F(G)$. 只需证明

$$d_\varepsilon(F^{-1}A) \le d_{\frac{\varepsilon}{2}}(F^{-1}\pi_k(A))$$

设 $l_k : \overline{\pi_k(Y)} \to l^2(\mathbb{N}^*, l^2(G, \mathbb{C}))$ 定义为

$$l_k(f_1, \cdots, f_k) = (f_1, \cdots, f_k, 0, \cdots, 0, \cdots) \quad ((f_1, \cdots, f_k) \in \overline{\pi_k(Y)})$$

设 $P_Y : l^2(\mathbb{N}^*, l^2(G, \mathbb{C})) \to Y$ 为由 $l^2(\mathbb{N}^*, l^2(G, \mathbb{C}))$ 到 Y 上的正交投影算

子.

设 $U \subseteq \overline{\pi_k(Y)}$ 是一个线性子空间且满足 $F^{-1}\pi_k(A) \subseteq_{\frac{\varepsilon}{2}} U$.

声称 $F^{-1}A \subseteq_{\varepsilon} (P_Y \circ l_k)(U)$.

对任意的 $s \in F$ 以及 $f \in A$, 有

$$s^{-1}f = P_Y(s^{-1}f) = P_Y(\chi_{\{1 \leqslant j \leqslant k\}} s^{-1}f) + P_Y(\chi_{\{j \geqslant k+1\}} s^{-1}f)$$

$$= (P_Y \circ l_k)(\pi_k(s^{-1}f)) + P_Y(\chi_{\{j \geqslant k+1\}} s^{-1}f)$$

由于 $F^{-1}\pi_k(A) \subseteq_{\frac{\varepsilon}{2}} U$, 可以找到 $u \in U$ 使得

$$\| s^{-1}\pi_k(f) - u \| < \frac{\varepsilon}{2}$$

从而

$$\| s^{-1}f - (P_Y \circ l_k)(u) \|$$

$$\leqslant \| P_Y(\chi_{\{j \geqslant k+1\}} s^{-1}f) \| + \| (P_Y \circ l_k)(\pi_k(s^{-1}f) - u) \|$$

$$< \varepsilon$$

这表明 $F^{-1}A \subseteq_{\varepsilon} (P_Y \circ l_k)(U)$.

这就证明了上面的声称. 所以

$$d_{\varepsilon}(F^{-1}A) \leqslant d_{\frac{\varepsilon}{2}}(F^{-1}\pi_k(A))$$

现在证明定理 3.3.

由引理 3.7 ~ 3.9 有

$$\mathrm{vdim}(G \curvearrowright Y) = \sup_{n \in \mathbb{N}^*} \mathrm{vdim}(G \curvearrowright \overline{\pi_n(Y)})$$

$$= \sup_{n \in \mathbb{N}^*} \dim_G(\overline{\pi_n(Y)})$$

$$= \dim_G(Y)$$

注记 3.2　Voiculescu 在文献 [16] 中对特殊的可数顺从群 G 证明了

$$\mathrm{vdim}(G \curvearrowright Y) = \dim_G(Y)$$

这里 Y 是 $l^2(\mathbb{N}^*, l^2(G, \mathbb{C}))$ 的一个闭 G – 不变线性子空间. 但 Voiculescu 在文献[16]中没有对一般的可数顺从群 G 证明

$$\mathrm{vdim}(G \curvearrowright Y) = \dim_G(Y)$$

这里 Y 是 $l^2(\mathbb{N}^*, l^2(G, \mathbb{C}))$ 的一个闭 G – 不变线性子空间. 在本节中对一般的可数顺从群 G 证明了上述结果, 推广了 Voiculescu 相关的结果.

3.4　计算 $\mathrm{vdim}(G \curvearrowright l^p(G, \mathbb{C}))$

在本节中总是假定 G 是一个可数顺从群, e_G 是 G 的单位元.

设 $1 \leqslant p < +\infty$, 记

$$l^p(G, \mathbb{C}) = \{f : G \to \mathbb{C} \mid \sum_{s \in G} |f(s)|^p < +\infty\}$$

$l^p(G, \mathbb{C})$ 关于范数 $\|\cdot\|_p$ 构成了一个复 Banach 空间, 这里

$$\|f\|_p = \left(\sum_{s \in G} |f(s)|^p\right)^{\frac{1}{p}}$$

G 在 $l^p(G, \mathbb{C})$ 上有一个自然的左平移作用: 对 $s \in G$ 以及 $f \in l^p(G, \mathbb{C})$, 定义

$$sf \in l^p(G, \mathbb{C})$$

为

$$(sf)(t) = f(s^{-1}t) \quad (t \in G)$$

显然

$$s(\alpha f + \beta g) = \alpha(sf) + \beta(sg) \quad (s \in G, f, g \in l^p(G, \mathbb{C}), \alpha, \beta \in \mathbb{C})$$

且

$$\|sf\|_p = \|f\|_p \quad (s \in G, f \in l^p(G, \mathbb{C}))$$

从而上述左平移作用是一个等距的线性作用.

在本节中主要对所有的 $1 \leqslant p < +\infty$ 去计算 $\mathrm{vdim}(G \curvearrowright l^p(G, \mathbb{C}))$.

先计算有限群 G 等距线性作用在 $l^p(G,\mathbb{C})$ 上的 Voiculescu 维数 vdim($G \curvearrowright l^p(G,\mathbb{C})$).

引理 3. 10 设 X 是一个复 Banach 空间,$W = \{x_1, \cdots, x_n\}$ 是 X 的一个线性无关子集. 则

$$\lim_{\varepsilon \to 0+} d_\varepsilon(W) = n$$

证明 由于 $\lim_{\varepsilon \to 0+} d_\varepsilon(W) = \sup_{\varepsilon > 0} d_\varepsilon(W)$,只需证明 $\sup_{\varepsilon > 0} d_\varepsilon(W) = n$.

用反证法,假设 $\sup_{\varepsilon > 0} d_\varepsilon(W) < n$. 由于 $\text{span}_{\mathbb{C}}(W)$ 在 X 中可补,因此存在 X 的一个闭线性子空间 Z 使得 $X = \text{span}_{\mathbb{C}}(W) + Z$ 且 $\text{span}_{\mathbb{C}}(W) \cap Z = \{0\}$. 设 $P: X \to \text{span}_{\mathbb{C}}(W)$ 为沿着 Z 由 X 到 $\text{span}_{\mathbb{C}}(W)$ 的投影算子,注意到 P 是有界的.

容易知道存在一个常数 $C > 0$,使得对任意的复数 $\beta_1, \cdots, \beta_n$ 有

$$|\beta_1| + \cdots + |\beta_n| \leqslant C \|\beta_1 x_1 + \cdots + \beta_n x_n\|$$

设 $0 < \delta < \dfrac{1}{C \|P\|}$. 由于 $\sup_{\varepsilon > 0} d_\varepsilon(W) < n$,因此 $d_\delta(W) < n$.

设 $V \subseteq X$ 是一个线性子空间且满足 $W \subseteq_\delta V$ 以及 $\dim_{\mathbb{C}}(V) = d_\delta(W)$. 则 $P(V)$ 是 $\text{span}_{\mathbb{C}}(W)$ 的一个闭的真线性子空间. 由 Riesz 引理,存在某个 $x_\delta \in \text{span}_{\mathbb{C}}(W)$ 且 $\|x_\delta\| = 1$,使得对任意的 $x \in V$ 有

$$\|x_\delta - P(x)\| \geqslant C \cdot \|P\| \cdot \delta$$

由于 $x_\delta \in \text{span}_{\mathbb{C}}(W)$,存在 $\alpha_1, \cdots, \alpha_n \in \mathbb{C}$ 使得 $x_\delta = \alpha_1 x_1 + \cdots + \alpha_n x_n$. 对每个 $x_i \in W (1 \leqslant i \leqslant n)$,存在某个 $y_i \in V$ 使得 $\|x_i - y_i\| < \delta$. 从而

$$\|x_\delta - P(\alpha_1 y_1 + \cdots + \alpha_n y_n)\|$$

$$= \|\alpha_1 x_1 + \cdots + \alpha_n x_n - P(\alpha_1 y_1 + \cdots + \alpha_n y_n)\|$$

$$= \|\alpha_1 P(x_1) + \cdots + \alpha_n P(x_n) - P(\alpha_1 y_1 + \cdots + \alpha_n y_n)\|$$

$$< (|\alpha_1| + \cdots + |\alpha_n|) \cdot \|P\| \cdot \delta$$

$$\leqslant C \cdot \|P\| \cdot \delta$$

这和 $\| x_\delta - P(\alpha_1 y_1 + \cdots + \alpha_n y_n) \| \geqslant C \cdot \| P \| \cdot \delta$ 相矛盾. 所以

$$\lim_{\varepsilon \to 0+} d_\varepsilon(W) = n$$

■

引理 3.11　设 X 是一个复 Banach 空间. 设 G 是一个有限群且在 X 上有一个等距的线性作用 $G \curvearrowright X$. 则

$$\mathrm{vdim}(G \curvearrowright X) = \begin{cases} \dfrac{\dim_{\mathbb{C}} X}{|G|}, & \text{如果} \dim_{\mathbb{C}} X < +\infty \\[3mm] +\infty, & \text{如果} \dim_{\mathbb{C}} X = +\infty \end{cases}$$

证明　分两种情形.

情形 1　假设 X 是有限维的.

先证明

$$\mathrm{vdim}(G \curvearrowright X) \leqslant \frac{\dim_{\mathbb{C}} X}{|G|}$$

注意到

$$\mathrm{vdim}(G \curvearrowright X) = \sup_{A \in F(X)} \sup_{\varepsilon > 0} \frac{d_\varepsilon(G^{-1}A)}{|G|} \leqslant \frac{\dim_{\mathbb{C}} X}{|G|}$$

接下来证明

$$\mathrm{vdim}(G \curvearrowright X) \geqslant \frac{\dim_{\mathbb{C}} X}{|G|}$$

设 H 是 X 的一个基, 则

$$\mathrm{vdim}(G \curvearrowright X) = \sup_{A \in F(X)} \sup_{\varepsilon > 0} \frac{d_\varepsilon(G^{-1}A)}{|G|}$$

$$\geqslant \sup_{\varepsilon > 0} \frac{d_\varepsilon(G^{-1}H)}{|G|}$$

$$\geqslant \sup_{\varepsilon > 0} \frac{d_\varepsilon(H)}{|G|}$$

由引理 3.10 有

$$\sup_{\varepsilon > 0} \frac{d_\varepsilon(H)}{|G|} = \frac{|H|}{|G|} = \frac{\dim_{\mathbb{C}} X}{|G|}$$

所以

$$\mathrm{vdim}(G \curvearrowright X) \geqslant \frac{\dim_{\mathbb{C}} X}{|G|}$$

情形 2　假设 X 是无限维的.

设 $n \in \mathbb{N}^*$, 可以找到 X 的一个线性无关的子集 $W = \{x_1, \cdots, x_n\}$. 于是

$$\mathrm{vdim}(G \curvearrowright X) = \sup_{A \in F(X)} \sup_{\varepsilon > 0} \frac{d_\varepsilon(G^{-1}A)}{|G|}$$

$$\geqslant \sup_{\varepsilon > 0} \frac{d_\varepsilon(G^{-1}W)}{|G|}$$

$$\geqslant \sup_{\varepsilon > 0} \frac{d_\varepsilon(W)}{|G|}$$

由引理 3.10 有

$$\sup_{\varepsilon > 0} \frac{d_\varepsilon(W)}{|G|} = \frac{|W|}{|G|} = \frac{n}{|G|}$$

从而 $\mathrm{vdim}(X) = + \infty$.

定理 3.4　设 G 是一个有限群, $1 \leqslant p < + \infty$. 则 $\mathrm{vdim}(G \curvearrowright l^p(G, \mathbb{C})) = 1$.

证明　由引理 3.1 知

$$\mathrm{vdim}(G \curvearrowright l^p(G, \mathbb{C})) = \frac{\dim_{\mathbb{C}} l^p(G, \mathbb{C})}{|G|} = \frac{|G|}{|G|} = 1$$

接下来计算可数无限顺从群 G 等距线性作用在 $l^p(G, \mathbb{C})$ 上的 Voiculescu 维数 $\mathrm{vdim}(G \curvearrowright l^p(G, \mathbb{C}))$.

需要下述非常有用的引理, 有关详细的证明过程请参考文献 [16] 中引理 7.8.

引理 3.12　设 X 是一个复 Hilbert 空间，$W = \{e_1, \cdots, e_n\}$ 是 X 的一个正交规范子集且 $\varepsilon > 0$，则 $d_\varepsilon(W) \geqslant n(1 - \varepsilon^2)$。

引理 3.13　设 G 是一个可数顺从群，$1 \leqslant p < +\infty$，则 $\mathrm{vdim}(G \curvearrowright l^p(G, \mathbb{C})) \leqslant 1$。

证明　设 $A \in F(l^p(G, \mathbb{C}))$ 以及 $\varepsilon > 0$。只需证明

$$\mathrm{vdim}(A, 2\varepsilon) \leqslant 1$$

记 $A = \{f_1, \cdots, f_m\}$。由于 $\mathrm{span}_{\mathbb{C}} \{\gamma_s : s \in G\}$ 在 $l^p(G, \mathbb{C})$ 中是稠密的，从而对每个 $1 \leqslant k \leqslant m$，存在 $\alpha_{kl} \in \mathbb{C}$，$g_{kl} \in G(1 \leqslant l \leqslant q_k)$，使得

$$\left\| f_k - \sum_{l=1}^{q_k} \alpha_{kl} \gamma_{g_{kl}} \right\| < \varepsilon$$

对每个 $1 \leqslant k \leqslant m$，记 $h_k = \sum_{l=1}^{q_k} \alpha_{kl} \gamma_{g_{kl}}$，从而 $\| f_k - h_k \| < \varepsilon$。记 $B = \{h_1, \cdots, h_m\}$。由于 $\mathrm{vdim}(A, 2\varepsilon) \leqslant \mathrm{vdim}(B, \varepsilon)$，只需证明

$$\mathrm{vdim}(B, \varepsilon) \leqslant 1$$

记 $K = \{g_{kl} : 1 \leqslant l \leqslant q_k, 1 \leqslant k \leqslant m\}$。

设 $\{F_n\}_{n=1}^\infty$ 是 G 的一个左的 Følner 序列。只需证明

$$\lim_{n \to \infty} \frac{d_\varepsilon(F_n^{-1} B)}{|F_n|} \leqslant 1$$

对每个正整数 n，记 $\hat{F}_n = \{s \in F_n : s^{-1} K \subseteq F_n^{-1}\}$。由于 $\{F_n\}_{n=1}^\infty$ 是 G 的一个左的 Følner 序列，从而

$$\lim_{n \to \infty} \frac{|F_n \backslash \hat{F}_n|}{|F_n|} = 0$$

于是

$$\frac{d_\varepsilon(F_n^{-1} B)}{|F_n|} \leqslant \frac{d_\varepsilon(\hat{F}_n^{-1} B)}{|F_n|} + \frac{d_\varepsilon((F_n \backslash \hat{F}_n)^{-1} B)}{|F_n|}$$

$$\leqslant \frac{|F_n^{-1}|}{|F_n|} + \frac{|F_n \backslash \hat{F}_n| \cdot |B|}{|F_n|}$$

$$= 1 + \frac{|F_n \backslash \hat{F}_n| \cdot |B|}{|F_n|}$$

故

$$\lim_{n \to \infty} \frac{d_\varepsilon(F_n^{-1} B)}{|F_n|} \leqslant 1$$

命题 3.3　设 G 是一个可数顺从群. 则 $\mathrm{vdim}(G \curvearrowright l^2(G,\mathbb{C})) = 1$.

证明　由引理 3.13 知

$$\mathrm{vdim}(G \curvearrowright l^2(G,\mathbb{C})) \leqslant 1$$

只需证明

$$\mathrm{vdim}(G \curvearrowright l^2(G,\mathbb{C})) \geqslant 1$$

设 $\varepsilon > 0$. 只需证明

$$\mathrm{vdim}(G \curvearrowright l^2(G,\mathbb{C})) \geqslant 1 - \varepsilon^2$$

设 $\{F_n\}_{n=1}^\infty$ 是 G 的一个左的 Følner 序列. 注意到

$$\mathrm{vdim}(G \curvearrowright l^2(G,\mathbb{C})) \geqslant \lim_{n \to \infty} \frac{d_\varepsilon(F_n^{-1}\{\gamma_{e_G}\})}{|F_n|}$$

由引理 3.12 知 $d_\varepsilon(F_n^{-1}\{\gamma_{e_G}\}) \geqslant |F_n| \cdot (1 - \varepsilon^2)$，从而

$$\lim_{n \to \infty} \frac{d_\varepsilon(F_n^{-1}\{\gamma_{e_G}\})}{|F_n|} \geqslant 1 - \varepsilon^2$$

故 $\mathrm{vdim}(G \curvearrowright l^2(G,\mathbb{C})) \geqslant 1 - \varepsilon^2$.

定理 3.5　设 G 是一个可数顺从群, $1 \leqslant p \leqslant 2$, 则 $\mathrm{vdim}(G \curvearrowright l^p(G,\mathbb{C})) = 1$.

证明　由引理 3.13 知

$$\mathrm{vdim}(G \curvearrowright l^p(G,\mathbb{C})) \leqslant 1$$

只需证明

$$\mathrm{vdim}(G \curvearrowright l^p(G,\mathbb{C})) \geqslant 1$$

设线性算子 $I: l^p(G,\mathbb{C}) \to l^2(G,\mathbb{C})$ 定义为 $I(f) = f(\forall f \in l^p(G,\mathbb{C}))$. 显然 I 是 G – 同变的, 有界且具有稠密的值域.

由命题 3.2 知

$$\mathrm{vdim}(G \curvearrowright l^p(G,\mathbb{C})) \geqslant \mathrm{vdim}(G \curvearrowright l^2(G,\mathbb{C}))$$

最后由命题 3.3 知 $\mathrm{vdim}(G \curvearrowright l^2(G,\mathbb{C})) = 1$, 从而

$$\mathrm{vdim}(G \curvearrowright l^p(G,\mathbb{C})) \geqslant 1$$

$\blacksquare$

最后计算可数无限顺从群 G 等距线性作用在 $l^p(G,\mathbb{C})$ $(2 < p < +\infty)$ 上的 Voiculescu 维数 $\mathrm{vdim}(G \curvearrowright l^p(G,\mathbb{C}))$.

先回顾一下 Kolmogorov 宽度的概念.

设 X 是一个 Banach 空间, V 是 X 的一个非空子集, n 是一个非负整数, V 的 Kolmogorov 宽度定义为

$$d_n(V,X) = \inf_{L_n} \sup_{x \in V} \inf_{y \in L_n} \| x - y \|$$

这里最外面的下确界取遍 X 的所有 n 维线性子空间.

需要如下的一个关于 Kolmogorov 宽度的估计式.

记 l_p^n $(1 \leqslant p < +\infty)$ 为赋范线性空间 $(K^n, \| \cdot \|_p)$ $(K = \mathbb{R}$ 或者 $\mathbb{C})$, 这里 l^p – 范数 $\| \cdot \|_p$ 定义为

$$\| x \|_p = \Big(\sum_{i=1}^n | x_i |^p\Big)^{\frac{1}{p}} \quad (\forall x = (x_1, \cdots, x_n) \in K^n)$$

记 $B_p^n = \{x \in K^n : \| x \|_p \leqslant 1\}$ 为 l_p^n 的单位闭球.

定理 3.6　设 $2 \leqslant p < +\infty$, 则当 m 充分大且 $m < n$ 时有

$$d_m(B_1^n, l_p^n) \leqslant c(p) \max\left\{ n^{\frac{1}{p}-1}, \min\{1, n^{\frac{1}{p}} m^{-\frac{1}{2}}\} \sqrt{1 - \frac{m}{n}} \right\}$$

式中, $c(p)$ 是一个只依赖于 p 的正常数; l_p^n 代表实赋范线性空间 $(\mathbb{R}^n, \| \cdot \|_p)$.

略去上述定理的证明过程, 有关详细的证明过程请参考文献[3].

引理 3.14　设 $2 < p < +\infty$ 且 $0 < \varepsilon < 1$. 则

$$\lim_{n\to\infty} \frac{d_\varepsilon(\{e_1, \cdots, e_n\}, l_p^n)}{n} = 0$$

这里 $e_i \in l_p^n (1 \le i \le n)$ 为在第 i 个位置取值为 1, 在其余位置取值为 0.

证明　由于

$$d_\varepsilon(\{e_1, \cdots, e_{n+m}\}, l_p^{n+m}) \le d_\varepsilon(\{e_1, \cdots, e_n\}, l_p^n) + d_\varepsilon(\{e_1, \cdots, e_m\}, l_p^m)$$

于是 $\lim\limits_{n\to\infty} \dfrac{d_\varepsilon(\{e_1, \cdots, e_n\}, l_p^n)}{n}$ 存在(有关详细的证明过程请参考文献[17]中定理 4.9).

分两种情形讨论.

情形 1　假设 l_p^n 是实赋范线性空间 $(\mathbb{R}^n, \| \cdot \|_p)$.

记 $m = d_\varepsilon(\{e_1, \cdots, e_n\}, l_p^n)$, 则 $1 \le m \le n$.

声称 $d_{m-1}(B_1^n, l_p^n) \ge \varepsilon$, 这里 $d_{m-1}(B_1^n, l_p^n)$ 为 B_1^n 的 Kolmogorov 宽度.

如果上述不成立, 则存在一个 $(m-1)$ 维线性子空间 L_{m-1}, 使得 L_{m-1} ε - 包含 $\{e_1, \cdots, e_n\}$. 然而 m 为 ε - 包含 $\{e_1, \cdots, e_n\}$ 的线性子空间的最小维数, 这是一个矛盾. 于是 $d_{m-1}(B_1^n, l_p^n) \ge \varepsilon$.

这就证明了上述声称.

现在只需要证明 $\lim\limits_{n\to\infty} \dfrac{m-1}{n} = 0$.

如果上述不成立, 则当 n 充分大时有 $\dfrac{m-1}{n} > 0$.

由定理 3.6, 当 n 充分大时有

$$d_{m-1}(B_1^n, l_p^n) \le c(p)\max\left\{n^{\frac{1}{p}-1}, \min\left\{1, n^{\frac{1}{p}}(m-1)^{-\frac{1}{2}}\right\}\sqrt{1-\frac{m-1}{n}}\right\}$$

$$= c(p) \max\left\{n^{\frac{1}{p}-1}, \min\left\{1, n^{\frac{1}{p}-\frac{1}{2}}\left(\frac{m-1}{n}\right)^{-\frac{1}{2}}\right\}\sqrt{1-\frac{m-1}{n}}\right\}$$

这里 $c(p)$ 是一个只依赖于 p 的正常数.

从而当 n 充分大时有

$$\frac{\varepsilon}{c(p)} \leqslant \max\left\{n^{\frac{1}{p}-1}, \min\left\{1, n^{\frac{1}{p}-\frac{1}{2}}\left(\frac{m-1}{n}\right)^{-\frac{1}{2}}\right\}\sqrt{1-\frac{m-1}{n}}\right\}$$

于是

$$0 < \frac{\varepsilon}{c(p)} \leqslant \lim_{n\to\infty} \max\left\{n^{\frac{1}{p}-1}, \min\left\{1, n^{\frac{1}{p}-\frac{1}{2}}\left(\frac{m-1}{n}\right)^{-\frac{1}{2}}\right\}\sqrt{1-\frac{m-1}{n}}\right\}$$

由于

$$\lim_{n\to\infty} n^{\frac{1}{p}-1} = 0$$

且

$$\lim_{n\to\infty} n^{\frac{1}{p}-\frac{1}{2}}\left(\frac{m-1}{n}\right)^{-\frac{1}{2}} = 0$$

所以

$$\lim_{n\to\infty} \max\left\{n^{\frac{1}{p}-1}, \min\left\{1, n^{\frac{1}{p}-\frac{1}{2}}\left(\frac{m-1}{n}\right)^{-\frac{1}{2}}\right\}\sqrt{1-\frac{m-1}{n}}\right\} = 0$$

这是一个矛盾.

从而 $\lim\limits_{n\to\infty} \dfrac{m-1}{n} = 0$, 故

$$\lim_{n\to\infty} \frac{d_\varepsilon(\{e_1,\cdots,e_n\}, l_p^n)}{n} = 0$$

情形 2 假设 l_p^n 是复赋范线性空间 $(\mathbb{C}^n, \|\cdot\|_p)$.

设 $V \subseteq (\mathbb{R}^n, \|\cdot\|_p)$ 是一个 ε - 包含 $\{e_1,\cdots,e_n\}$ 的实线性子空间, 且

$$\dim_{\mathbb{R}}(V) = d_\varepsilon(\{e_1,\cdots,e_n\}, \mathbb{R}^n)$$

则 $V + iV \subseteq (\mathbb{C}^n, \|\cdot\|_p)$ 是一个 ε - 包含 $\{e_1,\cdots,e_n\}$ 的复线性子空间. 注意
到

$$\dim_{\mathbb{C}} (V + iV) \leqslant \dim_{\mathbb{R}} (V)$$

从而

$$\frac{d_{\varepsilon}(\{e_1, \cdots, e_n\}, l_p^n)}{n} \leqslant \frac{\dim_{\mathbb{R}} (V)}{n}$$

由情形 1 有

$$\lim_{n \to \infty} \frac{\dim_{\mathbb{R}} (V)}{n} = 0$$

于是

$$\lim_{n \to \infty} \frac{d_{\varepsilon}(\{e_1, \cdots, e_n\}, l_p^n)}{n} = 0$$

定理 3.7　设 G 是一个可数无限顺从群,则对所有的 $2 < p < + \infty$ 有

$$\mathrm{vdim}(G \curvearrowright l^p(G, \mathbb{C})) = 0$$

证明　设 $\{F_n\}_{n=1}^{\infty}$ 是 G 的一个左的 Følner 序列,使得 $F_1 \subseteq F_2 \subseteq \cdots \subseteq F_n \subseteq F_{n+1} \subseteq \cdots$ 且

$$\lim_{n \to \infty} | F_n | = + \infty .$$

由于 $\mathrm{span}_{\mathbb{C}} \{\gamma_s : s \in G\}$ 在 $l^p(G, \mathbb{C})$ 中稠密,只需要证明对任意的 $u \in G$ 以及 $0 < \varepsilon < 1$ 有

$$\lim_{n \to \infty} \frac{d_{\varepsilon}(F_n^{-1} \{\gamma_u\})}{| F_n |} = 0$$

注意到

$$d_{\varepsilon}(F_n^{-1} \{\gamma_u\}) = d_{\varepsilon}(\{e_t\}_{t \in F_n}, l_p^{F_n})$$

只需要证明

$$\lim_{n \to \infty} \frac{d_{\varepsilon}(\{e_t\}_{t \in F_n}, l_p^{F_n})}{| F_n |} = 0$$

由引理 3.14 有

$$\lim_{n \to \infty} \frac{d_{\varepsilon}(\{e_t\}_{t \in F_n}, l_p^{F_n})}{|F_n|} = 0$$

注记 3.3　Voiculescu 在参考文献 [16] 中对 $1 \leqslant p \leqslant 2$ 的情形计算了 $\mathrm{vdim}(G \curvearrowright l^p(G, \mathbb{C}))$，但没有对 $2 < p < +\infty$ 的情形去计算 $\mathrm{vdim}(G \curvearrowright l^p(G, \mathbb{C}))$. 在本节中对所有的 $1 \leqslant p < +\infty$ 计算了 $\mathrm{vdim}(G \curvearrowright l^p(G, \mathbb{C}))$，推广了 Voiculescu 相关的结果.

3.5　计算 $\mathrm{vdim}(\mathrm{Sym}_0(G) \curvearrowright l^p(G, \mathbb{C}))$

和 $\mathrm{vdim}(\mathrm{Sym}_0(G) \curvearrowright C_0(G, \mathbb{C}))$

在本节中总是假定 G 是一个可数无限群，e_G 是 G 的单位元，$1 \leqslant p < +\infty$.

记 $\mathrm{Sym}(G)$ 为 G 的置换群. 对每个 $\tau \in \mathrm{Sym}(G)$，记

$$\mathrm{support}(\tau) = \{s \in G : \tau(s) \neq s\}$$

记 $\mathrm{Sym}_0(G) = \{\tau \in \mathrm{Sym}(G) : \mathrm{support}(\tau)$ 是一个有限集$\}$，显然 $\mathrm{Sym}_0(G)$ 是 $\mathrm{Sym}(G)$ 的一个子群.

由于 G 是可数无限的，可以选取 G 的一列非空有限子集 $\{F_n\}_{n=1}^{\infty}$ 使得

(1) $F_1 \subseteq F_2 \subseteq \cdots \subseteq F_n \subseteq F_{n+1} \subseteq \cdots$；

(2) $G = \bigcup_{n=1}^{\infty} F_n$；

(3) $\lim_{n \to \infty} |F_n| = +\infty$.

对每个正整数 n，可以把 $\mathrm{Sym}(F_n)$ 看作是 $\mathrm{Sym}_0(G)$ 的一个子群. 注意到

$$\mathrm{Sym}_0(G) = \bigcup_{n=1}^{\infty} \mathrm{Sym}(F_n)$$

从而 $\{\mathrm{Sym}(F_n)\}_{n=1}^{\infty}$ 是 $\mathrm{Sym}_0(G)$ 的一个左的 Følner 序列. 于是 $\mathrm{Sym}_0(G)$ 是一个可数无限顺从群.

$\mathrm{Sym}_0(G)$ 在 $l^p(G,\mathbb{C})$ 上有一个自然的左作用。对每个 $\tau \in \mathrm{Sym}_0(G)$ 和 $f \in l^p(G,\mathbb{C})$，定义映射 $\tau f: G \to \mathbb{C}$ 如下:

$$\tau f = f \circ \tau^{-1}$$

从而 $\tau f \in l^p(G,\mathbb{C})$ 且 $\|\tau f\|_p = \|f\|_p$. 此外上述左作用是一个等距的线性作用.

首先计算 $\mathrm{vdim}(\mathrm{Sym}_0(G) \curvearrowright l^p(G,\mathbb{C}))$.

命题 3.4 设 G 是一个可数无限群, $1 \leqslant p < +\infty$. 则

$$\mathrm{vdim}(\mathrm{Sym}_0(G) \curvearrowright l^p(G,\mathbb{C})) = 0$$

证明 由于 G 是可数无限的, 可以选取 G 的一列非空有限子集 $\{F_n\}_{n=1}^{\infty}$, 使得:

(1) $F_1 \subseteq F_2 \subseteq \cdots \subseteq F_n \subseteq F_{n+1} \subseteq \cdots$;

(2) $G = \bigcup\limits_{n=1}^{\infty} F_n$;

(3) $\lim\limits_{n \to \infty} |F_n| = +\infty$.

注意到

$$\mathrm{Sym}_0(G) = \bigcup\limits_{n=1}^{\infty} \mathrm{Sym}(F_n)$$

从而 $\{\mathrm{Sym}(F_n)\}_{n=1}^{\infty}$ 是 $\mathrm{Sym}_0(G)$ 的一个左的 Følner 序列.

固定一个元素 $s_0 \in G$.

声称 $\mathrm{span}_{\mathbb{C}}\{\tau \gamma_{s_0} : \tau \in \mathrm{Sym}_0(G)\}$ 在 $l^p(G,\mathbb{C})$ 中是稠密的.

对任意的 $f \in l^p(G,\mathbb{C})$ 以及 $\varepsilon > 0$, 可以选取 G 的一个非空有限子集 F 且 $s_0 \in F$, 使得

$$\left\| f - \sum_{s \in F} f(s) \gamma_s \right\|_p < \varepsilon$$

由于 $F_1 \subseteq F_2 \subseteq \cdots \subseteq F_n \subseteq F_{n+1} \subseteq \cdots$ 且 $G = \bigcup\limits_{n=1}^{\infty} F_n$, 可以选取一个正整数 n 使得 $F \subseteq F_n$. 对每个 $s \in F$, 可以选取一个置换 $\tau_s \in \mathrm{Sym}(F_n)$ 使得 $\gamma_s = \tau_s \gamma_{s_0}$,

从而

$$\left\| f - \sum_{s \in F} f(s) \tau_s \gamma_{s_0} \right\|_p < \varepsilon$$

这就证明了上述的声称.

接下来证明

$$\mathrm{vdim}(\mathrm{Sym}_0(G) \curvearrowright l^p(G, \mathbb{C})) = 0$$

由于 $\mathrm{span}_{\mathbb{C}} \{\tau \gamma_{s_0} : \tau \in \mathrm{Sym}_0(G)\}$ 在 $l^p(G, \mathbb{C})$ 中是稠密的, 只需证明对任意的 $\tau \in \mathrm{Sym}_0(G)$ 以及 $\varepsilon > 0$ 有

$$\mathrm{vdim}(\{\tau \gamma_{s_0}\}, \varepsilon) = 0$$

由于 $\tau \in \mathrm{Sym}_0(G)$, 可以选取一个正整数 n_0, 使得 $s_0 \in F_{n_0}$ 且 $\tau \in \mathrm{Sym}(F_{n_0})$.

由于 $\{\mathrm{Sym}(F_n)\}_{n=1}^{\infty}$ 是 $\mathrm{Sym}_0(G)$ 的一个左的 Følner 序列, 只需证明

$$\lim_{n \to \infty} \frac{d_{\varepsilon}(\mathrm{Sym}(F_n)^{-1} \{\tau \gamma_{s_0}\})}{|\mathrm{Sym}(F_n)|} = 0$$

设 $n > n_0$. 注意到

$$\mathrm{Sym}(F_n)^{-1} \{\tau \gamma_{s_0}\} = \mathrm{Sym}(F_n) \{\tau \gamma_{s_0}\} = \{\gamma_{\rho(\tau(s_0))} : \rho \in \mathrm{Sym}(F_n)\}$$

且

$$|\mathrm{Sym}(F_n)^{-1} \{\tau \gamma_{s_0}\}| \leqslant |F_n|$$

于是

$$\frac{d_{\varepsilon}(\mathrm{Sym}(F_n)^{-1} \{\tau \gamma_{s_0}\})}{|\mathrm{Sym}(F_n)|} \leqslant \frac{|F_n|}{(|F_n|)!} = \frac{1}{(|F_n| - 1)!}$$

所以

$$\lim_{n \to \infty} \frac{d_{\varepsilon}(\mathrm{Sym}(F_n)^{-1} \{\tau \gamma_{s_0}\})}{|\mathrm{Sym}(F_n)|} = 0$$

设 G 是一个可数无限群. 称 G 上的有界复值函数 $f : G \to \mathbb{C}$ 在无穷远处收敛

于 0, 如果对任意一列单调增加的非空有限子集 $\{F_n\}_{n=1}^{\infty}$ 且 $\bigcup_{n=1}^{\infty} F_n = G$, 有 $\{\sup_{s \in F_n} | f(s) | \}_{n=1}^{\infty}$ 收敛于 0.

记 $C_0(G, \mathbb{C})$ 为 G 上的有界复值且在无穷远处收敛于 0 的函数的全体.

容易知道 $C_0(G, \mathbb{C})$ 关于范数 $\| \cdot \|_{\infty}$ 构成了一个复 Banach 空间, 这里 $\|f\|_{\infty} = \sup_{s \in G} | f(s) |$.

$\mathrm{Sym}_0(G)$ 在 $C_0(G, \mathbb{C})$ 上有一个自然的左作用: 对每个 $\tau \in \mathrm{Sym}_0(G)$ 和 $f \in C_0(G, \mathbb{C})$, 定义映射 $\tau f : G \to \mathbb{C}$ 如下:

$$\tau f = f \circ \tau^{-1}$$

从而 $\tau f \in C_0(G, \mathbb{C})$ 且 $\| \tau f \|_{\infty} = \|f\|_{\infty}$. 此外上述左作用是一个等距的线性作用.

接下来计算 $\mathrm{vdim}(\mathrm{Sym}_0(G) \curvearrowright C_0(G, \mathbb{C}))$.

命题 3.5　设 G 是一个可数无限群. 则

$$\mathrm{vdim}(\mathrm{Sym}_0(G) \curvearrowright C_0(G, \mathbb{C})) = 0$$

证明　任意选取一个 $p \in [1, +\infty)$. 设线性算子 $I : l^p(G, \mathbb{C}) \to C_0(G, \mathbb{C})$ 定义为 $I(f) = f(\forall f \in l^p(G, \mathbb{C}))$. 显然 I 是 $\mathrm{Sym}_0(G)$ – 同变的, 有界且具有稠密的值域.

由命题 3.2 知

$$\mathrm{vdim}(\mathrm{Sym}_0(G) \curvearrowright C_0(G, \mathbb{C})) \leqslant \mathrm{vdim}(\mathrm{Sym}_0(G) \curvearrowright l^p(G, \mathbb{C}))$$

由命题 3.4 知

$$\mathrm{vdim}(\mathrm{Sym}_0(G) \curvearrowright l^p(G, \mathbb{C})) = 0$$

从而

$$\mathrm{vdim}(\mathrm{Sym}_0(G) \curvearrowright C_0(G, \mathbb{C})) = 0$$

第 4 章　可数 Sofic 群的等距线性作用的维数

本章中在可数 Sofic 群的等距线性作用上定义了一种新的维数,推广了 Voiculescu 维数. 此外借助这种新的维数在 Sofic 群的情形回答 Gromov 提出的一个问题.

设 G 是一个可数群,$d \in \mathbb{N}^*$,σ 是一个从 G 到 $\text{Sym}(d)$ 的映射,把 $\sigma(s)(a)$ 记作 $\sigma_s(a)$ 或者 sa. 称 σ 是 G 的一个足够好的 Sofic 逼近,如果对 G 的某个大的非空有限子集 F 总有:

(1) 对所有的 $s,t \in F$,$\dfrac{|\{a \in [d]:\sigma(s)\sigma(t)(a) = \sigma(st)(a)\}|}{d}$ 非常接近 1;

(2) 对所有不同的 $s,t \in F$,$\dfrac{|\{a \in [d]:\sigma(s)(a) = \sigma(t)(a)\}|}{d}$ 非常接近 0.

4.1　可数 Sofic 群的等距线性作用的维数

在本节中总是假定 X 是一个复 Banach 空间,G 是一个可数 Sofic 群且在 X 上有一个等距的线性作用 $G \curvearrowright X$. 固定 G 的一个 Sofic 逼近序列 $\Sigma = \{\sigma_i : G \to \text{Sym}(d_i)\}_{i=1}^{\infty}$. 也固定 $\mathbb{N}^*$ 上的一个自由超滤子 ω,这意味着对任意的 $j \in \mathbb{N}^*$ 有 $\{i \in \mathbb{N}^* : i \geqslant j\} \in \omega$.

定义 4.1　设 $A, B \in F(X)$,$F \in F(G)$,$\varepsilon > 0$ 以及 $c > 0$. 设 $d \in \mathbb{N}^*$ 且 σ

是一个从 G 到 $\mathrm{Sym}(d)$ 的映射.

在线性空间 X^d 上赋予 l_1 – 范数

$$\| (x_1,\cdots,x_d) \|_1 = \| x_1 \| + \cdots + \| x_d \|$$

对任意的 $i \in [d]$ 以及 $x \in X$,记 $\delta_i x \in X^d$ 在第 i 个位置取值为 x,在其余位置取值为 0.

记 $X(F,B,\sigma)$ 为由 $\delta_j b - \delta_{sj} sb(s \in F,j \in [d],b \in B)$ 所张成的线性子空间.

记 $X(F,B,c,\sigma)$ 为集合

$$\{u \in X(F,B,\sigma):存在 \alpha_{sjb} \in \mathbb{C} (s \in F,j \in [d],b \in B)$$

$$且 \sum_{s \in F}\sum_{j \in [d]}\sum_{b \in B} | \alpha_{sjb} | \leqslant c,使得 u = \sum_{s \in F}\sum_{j \in [d]}\sum_{b \in B} \alpha_{sjb}(\delta_j b - \delta_{sj} sb) \}$$

记

$$\dim_\varepsilon(A,F,B,c,\sigma) = \inf \left\{ \begin{array}{l} \dim_{\mathbb{C}} U:U 是 X^d 的一个线性子空间且满足 \\ \{\delta_i a:i \in [d],a \in A\} \subseteq_\varepsilon U + X(F,B,c,\sigma) \end{array} \right\}$$

定义 4.2　设 $A,B \in F(X),F \in F(G),\varepsilon > 0$ 以及 $c > 0$,定义

$$\dim_{\Sigma,\omega}(A,\varepsilon \mid F,B,c) = \lim_{i \to \omega} \frac{\dim_\varepsilon(A,F,B,c,\sigma_i)}{d_i}$$

定义 4.3　设 $A \in F(X),\varepsilon > 0$,定义

$$\dim_{\Sigma,\omega}(A,\varepsilon) = \inf_{F \in F(G)} \inf_{B \in F(X)} \inf_{c > 0} \dim_{\Sigma,\omega}(A,\varepsilon \mid F,B,c)$$

定义 4.4　定义

$$\dim_{\Sigma,\omega}(X) = \sup_{A \in F(X)} \sup_{\varepsilon > 0} \dim_{\Sigma,\omega}(A,\varepsilon)$$

如果这个等距线性作用 $G \curvearrowright X$ 需要被强调,那么把 $\dim_{\Sigma,\omega}(X)$ 记为 $\dim_{\Sigma,\omega}(G \curvearrowright X)$.

定义 4.5　设 Y 是 X 的一个线性子空间. 定义

$$\dim_{\Sigma,\omega}(Y\mid X) = \sup_{A\in F(Y)}\ \sup_{\varepsilon>0}\ \inf_{F\in F(G)}\ \inf_{B\in F(X)}\ \inf_{c>0}\ \lim_{i\to\omega}\frac{\dim_{\varepsilon}(A,F,B,c,\sigma_i)}{d_i}$$

4.2　$\dim_{\Sigma,\omega}(X)$ 的主要性质

在本节中讨论 $\dim_{\Sigma,\omega}(X)$ 的一些主要性质.

第一条性质是:在具有稠密值域的 G – 同变的有界线性映射下维数是减少的.

命题 4.1　设 X,Y 是两个复 Banach 空间. 设 G 是一个可数 Sofic 群且在 X 上有一个等距的线性作用 $G\curvearrowright X$, 在 Y 上也有一个等距的线性作用 $G\curvearrowright Y$. 设 $\Sigma=\{\sigma_i:G\to\mathrm{Sym}(d_i)\}_{i=1}^{\infty}$ 是 G 的一个 Sofic 逼近序列. 假设存在一个 G – 同变的有界线性映射 $T:X\to Y$ 且具有稠密的值域,则

$$\dim_{\Sigma,\omega}(Y)\leqslant\dim_{\Sigma,\omega}(X)$$

证明　设 $A\in F(Y)$ 且 $\varepsilon>0$. 只需证明

$$\dim_{\Sigma,\omega}(A,(\parallel T\parallel+1)\varepsilon)\leqslant\dim_{\Sigma,\omega}(X)$$

由于 $T(X)$ 在 Y 中是稠密的,可以找到某个 $B\in F(X)$,使得对每个 $y\in A$ 存在某个 $x\in B$,使得 $\parallel y-T(x)\parallel<\varepsilon$. 只需证明

$$\dim_{\Sigma,\omega}(A,(\parallel T\parallel+1)\varepsilon)\leqslant\dim_{\Sigma,\omega}(B,\varepsilon)$$

设 $F\in F(G),D\in F(X)$ 且 $c>0$. 只需证明

$$\dim_{\Sigma,\omega}(A,(\parallel T\parallel+1)\varepsilon\mid F,T(D),c)\leqslant\dim_{\Sigma,\omega}(B,\varepsilon\mid F,D,c)$$

设 $d\in\mathbb{N}^*$ 且 σ 是一个从 G 到 $\mathrm{Sym}(d)$ 的映射. 只需证明

$$\dim_{(\parallel T\parallel+1)\varepsilon}(A,F,T(D),c,\sigma)\leqslant\dim_{\varepsilon}(B,F,D,c,\sigma)$$

设 $\widetilde{T}:X^d\to Y^d$ 定义为

$$\widetilde{T}(x_1,\cdots,x_d)=(T(x_1),\cdots,T(x_d))$$

注意到 $\widetilde{T}$ 是有界的且 $\parallel\widetilde{T}\parallel\leqslant\parallel T\parallel$.

设 $U \subseteq X^d$ 是一个线性子空间,且满足 $\{\delta_i b : i \in [d], b \in B\} \subseteq_\varepsilon U + X(F, D, c, \sigma)$,以及

$$\dim_{\mathbb{C}} U = \dim_\varepsilon (B, F, D, c, \sigma)$$

从而

$$\{\delta_i a : i \in [d], a \in A\} \subseteq_{(\|T\|+1)\varepsilon} \tilde{T}(U) + Y(F, T(D), c, \sigma)$$

所以

$$\dim_{(\|T\|+1)\varepsilon}(A, F, T(D), c, \sigma) \leq \dim_\varepsilon(B, F, D, c, \sigma)$$

推论 4.1　设 X, Y 是两个复 Banach 空间. 设 G 是一个可数 Sofic 群且在 X 上有一个等距的线性作用 $G \curvearrowright X$,在 Y 上也有一个等距的线性作用 $G \curvearrowright Y$. 设 $\Sigma = \{\sigma_i : G \to \mathrm{Sym}(d_i)\}_{i=1}^\infty$ 是 G 的一个 Sofic 逼近序列. 假设存在一个线性 $G -$ 同变的同胚映射 $T : X \to Y$,则

$$\dim_{\Sigma, \omega}(X) = \dim_{\Sigma, \omega}(Y)$$

证明　可由命题 4.1 直接得到.

推论 4.2　设 X 是一个复 Hilbert 空间. 设 G 是一个可数 Sofic 群且在 X 上有一个等距的线性作用 $G \curvearrowright X$. 设 $\Sigma = \{\sigma_i : G \to \mathrm{Sym}(d_i)\}_{i=1}^\infty$ 是 G 的一个 Sofic 逼近序列. 设 $Y \subseteq X$ 是一个闭的 $G -$ 不变线性子空间,则

$$\dim_{\Sigma, \omega}(Y) \leq \dim_{\Sigma, \omega}(X)$$

证明　设 $P : X \to Y$ 为由 X 到 Y 上的正交投影算子. 注意到 P 是有界、满的且 $G -$ 同变的. 由命题 4.1 有

$$\dim_{\Sigma, \omega}(Y) \leq \dim_{\Sigma, \omega}(X)$$

接下来汇总一些 $\dim_{\Sigma, \omega}(X)$ 的基本性质.

命题 4.2　设 X 是一个复 Banach 空间. 设 G 是一个可数 Sofic 群且在 X 上有一个等距的线性作用 $G \curvearrowright X$. 设 $\Sigma = \{\sigma_i : G \to \mathrm{Sym}(d_i)\}_{i=1}^{\infty}$ 是 G 的一个 Sofic 逼近序列, 则下述事实是成立的:

(1) 如果 Y_1, Y_2 是 X 的两个线性子空间且 $Y_1 \subseteq Y_2$, 那么

$$\dim_{\Sigma, \omega}(Y_1 \mid X) \leqslant \dim_{\Sigma, \omega}(Y_2 \mid X)$$

(2) 如果 Y_1, Y_2 是 X 的两个线性子空间, 那么

$$\dim_{\Sigma, \omega}(Y_1 + Y_2 \mid X) \leqslant \dim_{\Sigma, \omega}(Y_1 \mid X) + \dim_{\Sigma, \omega}(Y_2 \mid X)$$

(3) 如果 Y 是 X 的一个闭的 G - 不变的线性子空间, 那么

$$\dim_{\Sigma, \omega}(Y \mid X) \leqslant \dim_{\Sigma, \omega}(Y)$$

(4) 如果 $\{X_j\}_{j \in J}$ 是一个由 X 的线性子空间构成的单调增加的网, 那么

$$\dim_{\Sigma, \omega}(\bigcup_{j \in J} X_j \mid X) = \sup_{j \in J} \dim_{\Sigma, \omega}(X_j \mid X)$$

证明　论断 (1), (2), (3), (4) 是明显的. ■

接下来证明维数在直和下是次可加的.

命题 4.3　设 X, Y 是两个复 Banach 空间. 设 G 是一个可数 Sofic 群且在 X 上有一个等距的线性作用 $G \curvearrowright X$, 在 Y 上也有一个等距的线性作用 $G \curvearrowright Y$. 设 $\Sigma = \{\sigma_i : G \to \mathrm{Sym}(d_i)\}_{i=1}^{\infty}$ 是 G 的一个 Sofic 逼近序列, 则

$$\dim_{\Sigma, \omega}(X \oplus Y) \leqslant \dim_{\Sigma, \omega}(X) + \dim_{\Sigma, \omega}(Y)$$

证明　设 $A \in F(X \oplus Y)$ 且 $\varepsilon > 0$. 只需证明

$$\dim_{\Sigma, \omega}(A, \varepsilon) \leqslant \dim_{\Sigma, \omega}(X) + \dim_{\Sigma, \omega}(Y)$$

设 $\pi_1 : X \oplus Y \to X$ 定义为 $\pi_1(x, y) = x$. 设 $\pi_2 : X \oplus Y \to Y$ 定义为 $\pi_2(x, y) = y$. 只需证明

$$\dim_{\Sigma, \omega}(A, \varepsilon) \leqslant \dim_{\Sigma, \omega}\left(\pi_1(A), \frac{\varepsilon}{2}\right) + \dim_{\Sigma, \omega}\left(\pi_2(A), \frac{\varepsilon}{2}\right)$$

设 $F_1, F_2 \in F(G), B_1 \in F(X), B_2 \in F(Y)$ 且 $c_1, c_2 > 0$. 只需证明

$$\dim_{\Sigma,\omega}(A,\varepsilon) \leqslant \dim_{\Sigma,\omega}\left(\pi_1(A),\frac{\varepsilon}{2} \mid F_1,B_1,c_1\right) +$$

$$\dim_{\Sigma,\omega}\left(\pi_2(A),\frac{\varepsilon}{2} \mid F_2,B_2,c_2\right)$$

设 $l_1:X \to X \oplus Y$ 定义为 $l_1(x) = (x,0)$. 设 $l_2:Y \to X \oplus Y$ 定义为 $l_2(y) = (0,y)$. 只需证明

$$\dim_{\Sigma,\omega}(A,\varepsilon \mid F_1 \cup F_2,l_1(B_1) \cup l_2(B_2),c_1 + c_2)$$

$$\leqslant \dim_{\Sigma,\omega}\left(\pi_1(A),\frac{\varepsilon}{2} \mid F_1,B_1,c_1\right) + \dim_{\Sigma,\omega}\left(\pi_2(A),\frac{\varepsilon}{2} \mid F_2,B_2,c_2\right)$$

设 $d \in \mathbb{N}^*$ 且 σ 是一个从 G 到 $\mathrm{Sym}(d)$ 的映射. 只需证明

$$\dim_{\varepsilon}(A,F_1 \cup F_2,l_1(B_1) \cup l_2(B_2),c_1 + c_2,\sigma)$$

$$\leqslant \dim_{\frac{\varepsilon}{2}}(\pi_1(A),F_1,B_1,c_1,\sigma) + \dim_{\frac{\varepsilon}{2}}(\pi_2(A),F_2,B_2,c_2,\sigma)$$

设 $\tilde{l}_1:X^d \to (X \oplus Y)^d$ 定义为

$$\tilde{l}_1(x_1,\cdots,x_d) = (l_1(x_1),\cdots,l_1(x_d))$$

设 $\tilde{l}_2:Y^d \to (X \oplus Y)^d$ 定义为

$$\tilde{l}_2(y_1,\cdots,y_d) = (l_2(y_1),\cdots,l_2(y_d))$$

设 $U \subseteq X^d$ 是一个线性子空间且满足 $\{\delta_i x : i \in [d],x \in \pi_1(A)\} \subseteq_{\frac{\varepsilon}{2}} U + X(F_1,B_1,c_1,\sigma)$ 以及

$$\dim_{\mathbb{C}} U = \dim_{\frac{\varepsilon}{2}}(\pi_1(A),F_1,B_1,c_1,\sigma)$$

设 $V \subseteq Y^d$ 是一个线性子空间且满足 $\{\delta_i y : i \in [d],y \in \pi_2(A)\} \subseteq_{\frac{\varepsilon}{2}} V + Y(F_2,B_2,c_2,\sigma)$ 以及

$$\dim_{\mathbb{C}} V = \dim_{\frac{\varepsilon}{2}}(\pi_2(A),F_2,B_2,c_2,\sigma)$$

从而

$$\{\delta_i \zeta : i \in [d],\zeta \in A\} \subseteq_{\varepsilon} \tilde{l}_1(U) + \tilde{l}_2(V) + (X \oplus Y)(F_1 \cup F_2,$$

$$l_1(B_1) \cup l_2(B_2),c_1 + c_2,\sigma)$$

所以

$$\dim_{\varepsilon}(A, F_1 \cup F_2, l_1(B_1) \cup l_2(B_2), c_1 + c_2, \sigma)$$

$$\leq \dim_{\frac{\varepsilon}{2}}(\pi_1(A), F_1, B_1, c_1, \sigma) + \dim_{\frac{\varepsilon}{2}}(\pi_2(A), F_2, B_2, c_2, \sigma)$$

■

推论 4.3　设 X 是一个复 Hilbert 空间. 设 G 是一个可数 Sofic 群且在 X 上有一个等距的线性作用 $G \curvearrowright X$. 设 $\Sigma = \{\sigma_i : G \to \mathrm{Sym}(d_i)\}_{i=1}^{\infty}$ 是 G 的一个 Sofic 逼近序列. 设 $Y \subseteq X$ 是一个闭的 G – 不变线性子空间, 则

$$\dim_{\Sigma, \omega}(X) \leq \dim_{\Sigma, \omega}(Y) + \dim_{\Sigma, \omega}(X/Y)$$

证明　由命题 4.3 有

$$\dim_{\Sigma, \omega}(X) \leq \dim_{\Sigma, \omega}(Y) + \dim_{\Sigma, \omega}(Y^{\perp})$$

这里 $Y^{\perp}$ 代表 Y 的正交补.

由于 $Y^{\perp}$ 和 X/Y 是 G – 同构的, 由推论 4.1 有

$$\dim_{\Sigma, \omega}(Y^{\perp}) = \dim_{\Sigma, \omega}(X/Y)$$

所以

$$\dim_{\Sigma, \omega}(X) \leq \dim_{\Sigma, \omega}(Y) + \dim_{\Sigma, \omega}(X/Y)$$

■

最后给出 $\dim_{\Sigma, \omega}(X)$ 的一些有用的界, 这可以帮助计算一些具体的例子.

命题 4.4　设 X 是一个复 Banach 空间. 设 G 是一个可数 Sofic 群且在 X 上有一个等距的线性作用 $G \curvearrowright X$. 设 $\Sigma = \{\sigma_i : G \to \mathrm{Sym}(d_i)\}_{i=1}^{\infty}$ 是 G 的一个 Sofic 逼近序列, 则

$$\dim_{\Sigma, \omega}(X)$$

$$\geq \sup_{A \in F(X)} \sup_{\varepsilon > 0} \inf_{F \in F(G)} \inf_{B \in F(X)} \lim_{i \to \omega} \frac{d_{\varepsilon}(\{\delta_j a + X(F, B, \sigma_i) : j \in [d_i], a \in A\})}{d_i}$$

证明　这是显然的.

命题 4.5　设 X 是一个复 Banach 空间. 设 G 是一个可数 Sofic 群且在 X 上有一个等距的线性作用 $G \curvearrowright X$. 设 $\Sigma = \{\sigma_i : G \to \mathrm{Sym}(d_i)\}_{i=1}^{\infty}$ 是 G 的一个 Sofic 逼近序列. 假设 S 是 X 的一个非空有限子集且动力生成了 X, 亦即 $\mathrm{span}_{\mathbb{C}}\{gx : g \in G, x \in S\}$ 在 X 中是稠密的, 则

$$\dim_{\Sigma, \omega}(X) \leqslant |S|$$

证明　记 $S = \{x_1, \cdots, x_n\}$.

设 $\theta > 0$. 只需证明

$$\dim_{\Sigma, \omega}(X) \leqslant n + \theta$$

设 $A \in F(X)$ 且 $\varepsilon > 0$. 只需证明

$$\dim_{\Sigma, \omega}(A, 2\varepsilon) \leqslant n + \theta$$

选取 $0 < \tau < 1$ 且 $\tau \cdot |A| \leqslant \theta$. 记 $A = \{f_1, \cdots, f_m\}$. 对每个 $1 \leqslant k \leqslant m$, 存在 $\alpha_{kvl} \in \mathbb{C}$ 以及 $g_{kvl} \in G(1 \leqslant l \leqslant q_{kv}, 1 \leqslant v \leqslant n)$ 使得

$$\left\| f_k - \sum_{v=1}^{n} \sum_{l=1}^{q_{kv}} \alpha_{kvl} g_{kvl} x_v \right\| < \varepsilon$$

记 $h_k = \sum_{v=1}^{n} \sum_{l=1}^{q_{kv}} \alpha_{kvl} g_{kvl} x_v$, 则 $\|f_k - h_k\| < \varepsilon$. 记 $B = \{h_1, \cdots, h_m\}$.

记 $F = \{g_{kvl} \mid 1 \leqslant l \leqslant q_{kv}, 1 \leqslant v \leqslant n, 1 \leqslant k \leqslant m\}$. 可以找到 $c > 0$ 使得

$$\max_{1 \leqslant k \leqslant m} \sum_{v=1}^{n} \sum_{l=1}^{q_{kv}} |\alpha_{kvl}| \leqslant c$$

只需证明

$$\dim_{\Sigma, \omega}(A, 2\varepsilon \mid F, S, c) \leqslant n + \theta$$

设 $\sigma : G \to \mathrm{Sym}(d)$ 是 G 的一个足够好的 Sofic 逼近, 使得 $|W| \geqslant (1 - \tau)d$, 这里

$$W = \{i \in [d] : \text{对} s \in F \cup \{e_G\} \text{ 有 } \sigma_s \sigma_{s^{-1}}(i) = \sigma_{e_G}(i) = i\}$$

只需证明

$$\frac{\dim_{2\varepsilon}(A,F,S,c,\sigma)}{d} \leqslant n + \theta$$

由于 $\dim_{2\varepsilon}(A,F,S,c,\sigma) \leqslant \dim_{\varepsilon}(B,F,S,c,\sigma)$，只需证明

$$\frac{\dim_{\varepsilon}(B,F,S,c,\sigma)}{d} \leqslant n + \theta$$

注意到

$$\dim_{\varepsilon}(B,F,S,c,\sigma)$$

$$\leqslant \inf\{\dim_{\mathbb{C}}U : \{\delta_i a : i \in W, a \in B\} \subseteq_{\varepsilon} U + X(F,S,c,\sigma)\} +$$

$$\inf\{\dim_{\mathbb{C}}U : \{\delta_i a : i \in [d]\backslash W, a \in B\} \subseteq_{\varepsilon} U + X(F,S,c,\sigma)\}$$

$$\leqslant \inf\{\dim_{\mathbb{C}}U : \{\delta_i a : i \in W, a \in B\} \subseteq_{\varepsilon} U + X(F,S,c,\sigma)\} + d\theta$$

只需证明

$$\inf\{\dim_{\mathbb{C}}U : \{\delta_i a : i \in W, a \in B\} \subseteq_{\varepsilon} U + X(F,S,c,\sigma)\} \leqslant dn$$

声称

$$\{\delta_i a : i \in W, a \in B\} \subseteq \mathrm{span}_{\mathbb{C}}\{\delta_i x : i \in [d], x \in S\} + X(F,S,c,\sigma)$$

对任意的 $i \in W$ 以及 $1 \leqslant k \leqslant m$，有

$$\delta_i h_k = \delta_i \left(\sum_{v=1}^{n} \sum_{l=1}^{q_{kv}} \alpha_{kvl} g_{kvl} x_v \right)$$

$$= \sum_{v=1}^{n} \sum_{l=1}^{q_{kv}} \alpha_{kvl} \delta_i g_{kvl} x_v$$

$$= \sum_{v=1}^{n} \sum_{l=1}^{q_{kv}} \alpha_{kvl} \delta_{\sigma_{g_{kvl}} \sigma_{g_{kvl}^{-1}}(i)} g_{kvl} x_v$$

$$= \sum_{v=1}^{n} \sum_{l=1}^{q_{kv}} \alpha_{kvl} (\delta_{\sigma_{g_{kvl}} \sigma_{g_{kvl}^{-1}}(i)} g_{kvl} x_v - \delta_{\sigma_{g_{kvl}^{-1}}(i)} x_v) + \sum_{v=1}^{n} \sum_{l=1}^{q_{kv}} \alpha_{kvl} \delta_{\sigma_{g_{kvl}^{-1}}(i)} x_v$$

注意到

$$\delta_i h_k \in \mathrm{span}_{\mathbb{C}}\{\delta_i x : i \in [d], x \in S\} + X(F,S,c,\sigma)$$

这就证明了

$$\{\delta_i a : i \in W, a \in B\} \subseteq \mathrm{span}_{\mathbb{C}} \{\delta_i x : i \in [d], x \in S\} + X(F, S, c, \sigma)$$

所以

$$\inf\{\dim_{\mathbb{C}} U : \{\delta_i a : i \in W, a \in B\} \subseteq_\varepsilon U + X(F, S, c, \sigma)\} \leqslant dn$$

4.3　$\dim_{\Sigma,\omega}(X)$ 与 Voiculescu 维数的联系

在本节中,假定 X 是一个复 Banach 空间,G 是一个可数顺从群且在 X 上有一个等距的线性作用 $G \curvearrowright X$.

在本节中主要证明对可数顺从群 G 的等距线性作用 $G \curvearrowright X$,$\dim_{\Sigma,\omega}(X)$ 和 Voiculescu 维数 $\mathrm{vdim}(X)$ 是相等的.

定理4.1　设 X 是一个复 Banach 空间. 设 G 是一个可数顺从群且在 X 上有一个等距的线性作用 $G \curvearrowright X$. 设 $\Sigma = \{\sigma_i : G \to \mathrm{Sym}(d_i)\}_{i=1}^{\infty}$ 是 G 的一个 Sofic 逼近序列,则

$$\dim_{\Sigma,\omega}(X) = \mathrm{vdim}(X)$$

为了证明上述的定理,需要多次用到下述的 Rohlin 引理.

引理4.1　设 G 是一个可数顺从群. 设 $0 \leqslant \tau < 1, 0 < \eta < 1, \delta > 0, K$ 是 G 的一个非空有限子集. 则存在 $l \in \mathbb{N}^*$ 以及 G 的非空有限子集 $F_1, \cdots, F_l$,且对任意的 $k = 1, \cdots, l$ 有 $|KF_k \backslash F_k| < \delta |F_k|$,使得对 G 的任意足够好的 Sofic 逼近 $\sigma : G \to \mathrm{Sym}(d)$,以及每个集合 $W \subseteq [d]$ 且 $|W| \geqslant (1 - \tau)d$,都存在 $C_1, \cdots, C_l \subseteq W$, 使得:

(1) 对每个 $k = 1, \cdots, l$,映射 $(s, c) \longmapsto \sigma_s(c)$ 从 $F_k \times C_k$ 到 $\sigma(F_k)C_k$ 是双射;

(2) $\sigma(F_1)C_1, \cdots, \sigma(F_l)C_l$ 两两互不相交且 $|\bigcup_{k=1}^{l} \sigma(F_k)C_k| \geqslant (1 - \tau - \eta)d$.

此处略去上述引理的证明过程,有关详细的证明过程请参考文献[12]中引理 4.6.

由引理 4.1 可以得到下面的注记.

注记 4.1　设 G 是一个有限群. 注意到满足 $|GF\backslash F| < \dfrac{1}{|G|}|F|$ 的唯一非空有限子集 F 是 G. 由引理 4.1 可以推出下述结论:设 $0 \leqslant \tau < 1$ 且 $0 < \eta < 1$,则对 G 的任意足够好的 Sofic 逼近 $\sigma : G \to \mathrm{Sym}(d)$ 以及每个集合 $W \subseteq [d]$ 且 $|W| \geqslant (1-\tau)d$,存在 $C \subseteq W$ 使得映射 $(s,c) \mapsto \sigma_s(c)$ 从 $G \times C$ 到 $\sigma(G)C$ 是双射且 $|\sigma(G)C| \geqslant (1-\tau-\eta)d$.

首先对可数无限顺从群 G 证明 $\dim_{\Sigma,\omega}(X) = \mathrm{vdim}(X)$.

引理 4.2　设 X 是一个复 Banach 空间. 设 G 是一个可数顺从群且在 X 上有一个等距的线性作用 $G \curvearrowright X$. 设 $\Sigma = \{\sigma_i : G \to \mathrm{Sym}(d_i)\}_{i=1}^{\infty}$ 是 G 的一个 Sofic 逼近序列,则

$$\dim_{\Sigma,\omega}(X) \leqslant \mathrm{vdim}(X)$$

证明　设 $\theta > 0$. 只需证明

$$\dim_{\Sigma,\omega}(X) \leqslant \mathrm{vdim}(X) + 2\theta$$

设 $A \in F(X)$ 且 $\varepsilon > 0$. 只需证明

$$\dim_{\Sigma,\omega}(A,\varepsilon) \leqslant \mathrm{vdim}(A,\varepsilon) + 2\theta$$

选取 G 的一个非空有限子集 K 以及 $\delta > 0$,使得对 G 的任意非空有限子集 $\tilde{F}$ 且 $|K\tilde{F}\backslash\tilde{F}| < \delta|\tilde{F}|$ 有

$$\frac{d_{\varepsilon}(\tilde{F}^{-1}A)}{|\tilde{F}|} \leqslant \mathrm{vdim}(A,\varepsilon) + \theta$$

选取 $0 < \tau < 1$ 且 $\tau \cdot |A| \leqslant \theta$. 由引理 4.1,存在 $l \in \mathbb{N}^{*}$ 以及 G 的非空有限子集 $F_1,\cdots,F_l$,且对任意的 $k = 1,\cdots,l$ 有 $|KF_k\backslash F_k| < \delta|F_k|$,使得对 G 的任意足够好的 Sofic 逼近 $\sigma : G \to \mathrm{Sym}(d)$ 以及每个集合 $W \subseteq [d]$ 且 $|W| \geqslant$

$\left(1 - \dfrac{\tau}{2}\right) d$, 都存在 $C_1, \cdots, C_l \subseteq W$, 使得：

（1）对每个 $k = 1, \cdots, l$, 映射 $(s, c) \mapsto \sigma_s(c)$ 从 $F_k \times C_k$ 到 $\sigma(F_k) C_k$ 是双射;

（2）$\sigma(F_1) C_1, \cdots, \sigma(F_l) C_l$ 两两互不相交且 $| \bigcup\limits_{k=1}^{l} \sigma(F_k) C_k | \geqslant (1 - \tau) d.$

记 $F = \bigcup\limits_{k=1}^{l} F_k$ 以及 $B = \bigcup\limits_{k=1}^{l} F_k^{-1} A$. 设 $\sigma : G \to \mathrm{Sym}(d)$ 是 G 的一个足够好的 Sofic 逼近, 则可以找到以上的 $C_1, \cdots, C_l \subseteq [d]$.

只需证明

$$\frac{\dim_\varepsilon(A, F, B, 1, \sigma)}{d} \leqslant \mathrm{vdim}(A, \varepsilon) + 2\theta$$

记 $Z = [d] \setminus \bigcup\limits_{k=1}^{l} \sigma(F_k) C_k$, 则 $|Z| \leqslant \tau d.$

对每个 $m \in \{1, \cdots, d\}$, 设 $l_m : X \to X^d$ 定义为 $l_m(x) = \delta_m x.$ 由于 X^d 上赋予 $l_1 -$ 范数, 从而对任意的 $m \in \{1, \cdots, d\}$ 以及 $x \in X$ 有 $\| l_m(x) \| = \| x \|.$

对任意的 $k \in \{1, \cdots, l\}$, 设 $V_k \subseteq X$ 是一个线性子空间且满足 $F_k^{-1} A \subseteq_\varepsilon V_k$ 以及

$$\dim_{\mathbb{C}} (V_k) = d_\varepsilon(F_k^{-1} A)$$

声称

$$\{\delta_i a : i \in [d], a \in A\} \subseteq_\varepsilon \left(\sum_{k=1}^{l} \sum_{m \in C_k} l_m(V_k) + \mathrm{span}_{\mathbb{C}} \{\delta_j a : j \in Z, a \in A\} \right) +$$

$$X(F, B, 1, \sigma)$$

分两种情形.

情形 1　如果 $i \in Z$ 且 $x \in A$, 则 $\delta_i x \in \mathrm{span}_{\mathbb{C}} \{\delta_j a : j \in Z, a \in A\}$ 且 $\| \delta_i x - \delta_i x \| = 0 < \varepsilon.$

情形 2　如果 $i \in \bigcup\limits_{k=1}^{l} \sigma(F_k) C_k$ 且 $x \in A$, 可以找到一个唯一的 $n \in \{1, \cdots, l\}$, 使得 $i \in \sigma(F_n) C_n.$ 于是存在 $t \in F_n$ 以及 $p \in C_n$, 使得 $i = \sigma_t(p).$

由于 $t^{-1}x \in F_n^{-1}A$ 且 $F_n^{-1}A \subseteq_\varepsilon V_n$，存在某个 $\nu \in V_n$，使得 $\| t^{-1}x - \nu \| < \varepsilon$. 从而

$$\| \delta_i x - (\delta_{\sigma_t(p)}x - \delta_p t^{-1}x + l_p(\nu)) \| = \| \delta_p t^{-1}x - l_p(\nu) \|$$

$$= \| l_p(t^{-1}x - \nu) \|$$

$$= \| t^{-1}x - \nu \|$$

$$< \varepsilon$$

注意到

$$\delta_{\sigma_t(p)}x - \delta_p t^{-1}x + l_p(\nu) \in \sum_{k=1}^l \sum_{m \in C_k} l_m(V_k) + X(F,B,1,\sigma)$$

这就证明了

$$\{\delta_i a : i \in [d], a \in A\} \subseteq_\varepsilon \left(\sum_{k=1}^l \sum_{m \in C_k} l_m(V_k) + \mathrm{span}_{\mathbb{C}} \{\delta_j a : j \in Z, a \in A\} \right) +$$

$$X(F,B,1,\sigma)$$

所以

$$\dim_\varepsilon(A,F,B,1,\sigma)$$

$$\leqslant \dim_{\mathbb{C}} \left(\sum_{k=1}^l \sum_{m \in C_k} l_m(V_k) + \mathrm{span}_{\mathbb{C}} \{\delta_j a : j \in Z, a \in A\} \right)$$

$$\leqslant \sum_{k=1}^l \sum_{m \in C_k} \dim_{\mathbb{C}} (V_k) + \dim_{\mathbb{C}} (\mathrm{span}_{\mathbb{C}} \{\delta_j a : j \in Z, a \in A\})$$

$$\leqslant \sum_{k=1}^l | C_k | \, d_\varepsilon(F_k^{-1}A) + | Z | \cdot | A |$$

$$\leqslant \sum_{k=1}^l | C_k | \, (\mathrm{vdim}(A,\varepsilon) + \theta) | F_k | + \tau \cdot | A | \cdot d$$

$$\leqslant d(\mathrm{vdim}(A,\varepsilon) + \theta) + d\theta$$

$$= d(\mathrm{vdim}(A,\varepsilon) + 2\theta)$$

引理4.3　设 X 是一个复 Banach 空间. 设 G 是一个可数无限顺从群且在 X

上有一个等距的线性作用 $G \curvearrowright X$. 设 $\Sigma = \{\sigma_i : G \to \mathrm{Sym}(d_i)\}_{i=1}^{\infty}$ 是 G 的一个 Sofic 逼近序列, 则

$$\dim_{\Sigma,\omega}(X) \geq \mathrm{vdim}(X)$$

证明 由命题 4.4 有

$\dim_{\Sigma,\omega}(X)$

$$\geq \sup_{A \in F(X)} \sup_{\varepsilon > 0} \inf_{F \in F(G)} \inf_{B \in F(X)} \lim_{i \to \omega} \frac{d_\varepsilon(\{\delta_j a + X(F, B, \sigma_i) : j \in [d_i], a \in A\})}{d_i}$$

只需证明

$$\sup_{A \in F(X)} \sup_{\varepsilon > 0} \inf_{F \in F(G)} \inf_{B \in F(X)} \lim_{i \to \omega} \frac{d_\varepsilon(\{\delta_j a + X(F, B, \sigma_i) : j \in [d_i], a \in A\})}{d_i}$$

$$\geq \mathrm{vdim}(X)$$

设 $\theta > 0$. 只需证明

$$\sup_{A \in F(X)} \sup_{\varepsilon > 0} \inf_{F \in F(G)} \inf_{B \in F(X)} \lim_{i \to \omega} \frac{d_\varepsilon(\{\delta_j a + X(F, B, \sigma_i) : j \in [d_i], a \in A\})}{d_i}$$

$$\geq \mathrm{vdim}(X) - 4\theta$$

设 $A \in F(X)$ 且 $\varepsilon > 0$. 只需证明

$$\inf_{F \in F(G)} \inf_{B \in F(X)} \lim_{i \to \omega} \frac{d_\varepsilon(\{\delta_j a + X(F, B, \sigma_i) : j \in [d_i], a \in A\})}{d_i}$$

$$\geq \mathrm{vdim}(X) - 4\theta$$

设 $F \in F(G)$ 且 $B \in F(X)$. 选取 G 的一个非空有限子集 K 且 $K \supseteq F$ 以及 $\delta > 0$, 使得对 G 的任意非空有限子集 $\tilde{F}$ 且 $|K\tilde{F} \backslash \tilde{F}| < \delta |\tilde{F}|$ 有

$$\frac{d_\varepsilon(\tilde{F}^{-1} A)}{|\tilde{F}|} \geq \mathrm{vdim}(A, \varepsilon) - \theta$$

选取 $0 < \tau < 1$ 使得

$$(\mathrm{vdim}(A, \varepsilon) - \theta)(1 - \tau) \geq \mathrm{vdim}(A, \varepsilon) - 2\theta$$

且

$$\tau \cdot |F| \cdot |B| \leqslant \theta.$$

由引理 4.1 知存在 $l \in \mathbb{N}^*$ 以及 G 的非空有限子集 $F_1, \cdots, F_l$，且对任意的 $k = 1, \cdots, l$ 有 $|KF_k \backslash F_k| < \min(\delta, \tau)|F_k|$，使得对 G 的任意足够好的 Sofic 逼近 $\sigma: G \to \mathrm{Sym}(d)$ 以及每个集合 $W \subseteq [d]$ 且 $|W| \geqslant \left(1 - \dfrac{\tau}{2}\right)d$ 都存在 $C_1, \cdots, C_l \subseteq W$，使得：

(1) 对每个 $k = 1, \cdots, l$，映射 $(s, c) \mapsto \sigma_s(c)$ 从 $F_k \times C_k$ 到 $\sigma(F_k)C_k$ 是双射；

(2) $\sigma(F_1)C_1, \cdots, \sigma(F_l)C_l$ 两两互不相交且 $\left|\bigcup\limits_{k=1}^{l} \sigma(F_k)C_k\right| \geqslant (1 - \tau)d$.

设 $\sigma: G \to \mathrm{Sym}(d)$ 是 G 的一个足够好的 Sofic 逼近，使得 $|W| \geqslant \left(1 - \dfrac{\tau}{2}\right)d$，这里

$$W = \left\{ i \in [d] : \text{对任意的 } t \in F, s \in \bigcup_{k=1}^{l} F_k \text{ 有 } \sigma_t \sigma_s(i) = \sigma_{ts}(i) \right\}$$

则可以找到以上的 $C_1, \cdots, C_l \subseteq W$.

只需证明

$$\frac{d_\varepsilon(\{\delta_i a + X(F, B, \sigma) : i \in [d], a \in A\})}{d} \geqslant \mathrm{vdim}(A, \varepsilon) - 4\theta$$

记

$$M = \left\{ (s, j) \in F \times \bigcup_{k=1}^{l} \sigma(F_k)C_k : j \in \bigcup_{k=1}^{l} \sigma(F_k \cap s^{-1}F_k)C_k \right\}$$

记 $X^{(1)}(F, B, \sigma)$ 为由 $\delta_j b - \delta_{sj} sb \left(s \in F, j \in \bigcup\limits_{k=1}^{l} \sigma(F_k)C_k, b \in B\right)$ 所张成的线性子空间，$X^{(2)}(F, B, \sigma)$ 为由 $\delta_j b - \delta_{sj} sb \left(s \in F, j \in [d] \backslash \bigcup\limits_{k=1}^{l} \sigma(F_k)C_k, b \in B\right)$ 所张成的线性子空间，$X^*(F, B, \sigma)$ 为由 $\delta_j b - \delta_{sj} sb\left((s, j) \in (F \times \bigcup\limits_{k=1}^{l} \sigma(F_k)C_k) \backslash M, b \in B\right)$ 所张成的线性子空间.

论断 I：

$$d_\varepsilon(\{\delta_i a + X(F,B,\sigma) : i \in [d], a \in A\})$$

$$\geq d_\varepsilon(\{\delta_i a + X^{(1)}(F,B,\sigma) : i \in [d], a \in A\}) - \mathrm{d}\theta$$

记 $\pi_1 : X^d \to X^d / X(F,B,\sigma)$ 以及 $\pi_2 : X^d \to X^d / X^{(1)}(F,B,\sigma)$ 为商映射.

设 $V \subseteq X^d / X(F,B,\sigma)$ 是一个线性子空间, 且满足 $\{\delta_i a + X(F,B,\sigma) : i \in [d], a \in A\} \subseteq_\varepsilon V$ 以及 $\dim_\mathbb{C} V = d_\varepsilon(\{\delta_i a + X(F,B,\sigma) : i \in [d], a \in A\})$. 则可以找到一个线性子空间 $\bar{V} \subseteq X^d$, 使得 $\pi_1(\bar{V}) = V$ 且 $\dim_\mathbb{C} \bar{V} = \dim_\mathbb{C} V$.

从而

$$\{\delta_i a + X^{(1)}(F,B,\sigma) : i \in [d], a \in A\} \subseteq_\varepsilon \pi_2(\bar{V} + X^{(2)}(F,B,\sigma))$$

所以

$$d_\varepsilon(\{\delta_i a + X^{(1)}(F,B,\sigma) : i \in [d], a \in A\})$$

$$\leq \dim_\mathbb{C}(\bar{V} + X^{(2)}(F,B,\sigma))$$

$$\leq d_\varepsilon(\{\delta_i a + X(F,B,\sigma) : i \in [d], a \in A\}) + \tau \cdot |F| \cdot |B| \cdot d$$

$$\leq d_\varepsilon(\{\delta_i a + X(F,B,\sigma) : i \in [d], a \in A\}) + \mathrm{d}\theta$$

这就证明了论断 I.

现在只需证明

$$\frac{d_\varepsilon(\{\delta_i a + X^{(1)}(F,B,\sigma) : i \in [d], a \in A\})}{d} \geq \mathrm{vdim}(A,\varepsilon) - 3\theta$$

由于 G 是无限的, 存在映射 $\psi_k : C_k \to G (k = 1, \cdots, l)$, 使得映射 Ψ 从 $\prod_{k=1}^l F_k \times C_k$ 到 G 把 $(s,c) \in F_k \times C_k$ 映为 $s\psi_k(c)$ 是单射. 记 $\tilde{F}$ 为 Ψ 的值域. 由于对每个 $k = 1, \cdots, l$ 都有 $|KF_k \backslash F_k| < \delta |F_k|$, 从而 $|K\tilde{F} \backslash \tilde{F}| < \delta |\tilde{F}|$.

于是

$$\frac{d_\varepsilon(\tilde{F}^{-1}A)}{|\tilde{F}|} \geq \mathrm{vdim}(A,\varepsilon) - \theta$$

论断 II:

$$d_\varepsilon(\{\delta_i a + X^{(1)}(F,B,\sigma) : i \in [d], a \in A\}) \geq d_\varepsilon(\tilde{F}^{-1}A) - \mathrm{d}\theta$$

记 $\pi:X^d \to X^d/X^{(1)}(F,B,\sigma)$ 为商映射.

设 $T:X^d \to X$ 定义为 $T(f) = \sum\limits_{k=1}^{l} \sum\limits_{(s,c) \in F_k \times C_k} (s\psi_k(c))^{-1} f(\sigma_s(c))$. 由于 X^d 上赋

予 l_1 – 范数,从而 T 是有界的且 $\|T\| \leqslant 1$.

设 $U \subseteq X^d/X^{(1)}(F,B,\sigma)$ 是一个线性子空间且满足

$$\{\delta_i a + X^{(1)}(F,B,\sigma):i \in [d],a \in A\} \subseteq_\varepsilon U$$

以及

$$\dim_{\mathbb{C}} U = d_\varepsilon(\{\delta_i a + X^{(1)}(F,B,\sigma):i \in [d],a \in A\})$$

则可以找到一个线性子空间 $\overline{U} \subseteq X^d$,使得 $\pi(\overline{U}) = U$ 且 $\dim_{\mathbb{C}}\overline{U} = \dim_{\mathbb{C}}U$.

声称

$$\widetilde{F}^{-1}A \subseteq_\varepsilon T(\overline{U} + X^*(F,B,\sigma))$$

对任意的 $n \in \{1,\cdots,l\},(t,c) \in F_n \times C_n$ 以及 $a \in A$,存在某个 $u \in \overline{U}$,使得

$$\|(\delta_{\sigma_t(c)}a - u) + X^{(1)}(F,B,\sigma)\| < \varepsilon$$

从而存在某个 $v \in X^{(1)}(F,B,\sigma)$,使得

$$\|\delta_{\sigma_t(c)}a - u - v\| < \varepsilon$$

记

$$v = \sum_{s \in F} \sum_{j \in \bigcup\limits_{k=1}^{l} \sigma(F_k)C_k} \sum_{b \in B} c_{sjb}(\delta_j b - \delta_{sj}sb)$$

于是

$$\left\| (t\psi_n(c))^{-1}a - T(u + \sum_{(s,j) \in (F \times \bigcup\limits_{k=1}^{l} \sigma(F_k)C_k)\backslash M} \sum_{b \in B} c_{sjb}(\delta_j b - \delta_{sj}sb)) \right\|$$

$$= \|(t\psi_n(c))^{-1}a - T(u + v)\|$$

$$= \|T(\delta_{\sigma_t(c)}a - u - v)\|$$

$$\leqslant \|\delta_{\sigma_t(c)}a - u - v\|$$

$$< \varepsilon$$

注意到

$$u + \sum_{(s,j) \in (F \times \bigcup_{k=1}^{l} \sigma(F_k) C_k) \setminus M} \sum_{b \in B} c_{sjb}(\delta_j b - \delta_{sj} sb) \in \overline{U} + X^*(F,B,\sigma)$$

这就证明了

$$\widetilde{F}^{-1} A \subseteq_\varepsilon T(\overline{U} + X^*(F,B,\sigma))$$

于是

$$d_\varepsilon(\widetilde{F}^{-1}A) \, \dim_{\mathbb{C}} \overline{U} + \dim_{\mathbb{C}}(X^*(F,B,\sigma))$$

$$= d_\varepsilon(\{\delta_i a + X^{(1)}(F,B,\sigma) : i \in [d], a \in A\}) + \dim_{\mathbb{C}}(X^*(F,B,\sigma))$$

对每个 $s \in F$, 有

$$\left| \bigcup_{k=1}^{l} \sigma(F_k) C_k \right| - \left| \bigcup_{k=1}^{l} \sigma(F_k \cap s^{-1}F_k) C_k \right| = \left| \bigcup_{k=1}^{l} \sigma(F_k \setminus s^{-1}F_k) C_k \right|$$

$$\leq \tau \left| \bigcup_{k=1}^{l} \sigma(F_k) C_k \right|$$

$$\leq \tau d$$

从而

$$\dim_{\mathbb{C}}(X^*(F,B,\sigma)) \leq \tau \cdot |F| \cdot |B| \cdot d \leq d\theta$$

且

$$d_\varepsilon(\{\delta_i a + X^{(1)}(F,B,\sigma) : i \in [d], a \in A\}) \geq d_\varepsilon(\widetilde{F}^{-1}A) - d\theta$$

这就证明了论断 II. 所以

$$\frac{d_\varepsilon(\{\delta_i a + X^{(1)}(F,B,\sigma) : i \in [d], a \in A\})}{d}$$

$$\geq \frac{d_\varepsilon(\widetilde{F}^{-1}A)}{d} - \theta$$

$$= \frac{d_\varepsilon(\widetilde{F}^{-1}A)}{|\widetilde{F}|} \cdot \frac{|\widetilde{F}|}{d} - \theta$$

$$\geq (\mathrm{vdim}(A,\varepsilon) - \theta)(1 - \tau) - \theta$$

$$\geq \mathrm{vdim}(A,\varepsilon) - 2\theta - \theta$$

$$= \text{vdim}(A, \varepsilon) - 3\theta$$

命题 4.6　设 X 是一个复 Banach 空间. 设 G 是一个可数无限顺从群且在 X 上有一个等距的线性作用 $G \curvearrowright X$. 设 $\Sigma = \{\sigma_i : G \to \text{Sym}(d_i)\}_{i=1}^{\infty}$ 是 G 的一个 Sofic 逼近序列, 则

$$\dim_{\Sigma, \omega}(X) = \text{vdim}(X)$$

证明　可由引理 4.2 和引理 4.3 得到.

接下来对有限群 G 证明 $\dim_{\Sigma, \omega}(X) = \text{vdim}(X)$.

引理 4.4　设 X 是一个复 Banach 空间. 设 G 是一个有限群且在 X 上有一个等距的线性作用 $G \curvearrowright X$. 设 $\Sigma = \{\sigma_i : G \to \text{Sym}(d_i)\}_{i=1}^{\infty}$ 是 G 的一个 Sofic 逼近序列. 设 $Y \subseteq X$ 是一个有限维 G – 不变的线性子空间, 则

$$\dim_{\Sigma, \omega}(Y \mid X) = \dim_{\Sigma, \omega}(Y)$$

证明　由命题 4.2 中的 (3) 有

$$\dim_{\Sigma, \omega}(Y \mid X) \leqslant \dim_{\Sigma, \omega}(Y)$$

只需证明

$$\dim_{\Sigma, \omega}(Y \mid X) \geqslant \dim_{\Sigma, \omega}(Y)$$

由于 Y 是有限维, 存在 X 的一个闭线性子空间 Z 使得 $X = Y + Z$ 且 $Y \cap Z = \{0\}$.

设 $P : X \to Y$ 为沿着 Z 由 X 到 Y 上的投影算子. 注意到 P 是一个有界的线性满射.

设 $\overline{P} : X \to Y$ 定义为

$$\overline{P}(x) = \frac{1}{|G|} \sum_{s \in G} (s^{-1} \circ P \circ s)(x)$$

则 $\overline{P}$ 是一个 G – 同变的有界线性满射且 $\|\overline{P}\| \leqslant \|P\|$.

设 $A \in F(Y)$ 且 $\varepsilon > 0$. 设 $F \in F(G)$, $B \in F(X)$, $c > 0$. 设 $d \in \mathbb{N}^*$ 且 σ 是一个从 G 到 $\mathrm{Sym}(d)$ 的映射.

只需证明

$$\dim_{\varepsilon}(A, F, B, c, \sigma) \geqslant \dim_{(\|P\|+1)\varepsilon}(A, F, \bar{P}(B), c, \sigma)$$

设 $\tilde{P}: X^d \to Y^d$ 定义为

$$\tilde{P}(x_1, \cdots, x_d) = (\bar{P}(x_1), \cdots, \bar{P}(x_d))$$

注意到 $\tilde{P}$ 是有界的且 $\|\tilde{P}\| \leqslant \|P\|$.

设 $U \subseteq X^d$ 是一个线性子空间且满足 $\{\delta_i a : i \in [d], a \in A\} \subseteq_{\varepsilon} U + X(F, B, c, \sigma)$ 以及

$$\dim_{\mathbb{C}}(U) = \dim_{\varepsilon}(A, F, B, c, \sigma)$$

从而

$$\{\delta_i a : i \in [d], a \in A\} \subseteq_{(\|P\|+1)\varepsilon} \tilde{P}(U) + Y(F, \bar{P}(B), c, \sigma)$$

所以

$$\dim_{\varepsilon}(A, F, B, c, \sigma) \geqslant \dim_{(\|P\|+1)\varepsilon}(A, F, \bar{P}(B), c, \sigma)$$

∎

引理 4.5　设 X 是一个复 Banach 空间. 设 G 是一个有限群且在 X 上有一个等距的线性作用 $G \curvearrowright X$. 设 $\Sigma = \{\sigma_i : G \to \mathrm{Sym}(d_i)\}_{i=1}^{\infty}$ 是 G 的一个 Sofic 逼近序列. 则

$$\dim_{\Sigma, \omega}(X) = \begin{cases} \dfrac{\dim_{\mathbb{C}} X}{|G|}, & \text{如果} \dim_{\mathbb{C}} X < +\infty \\ +\infty, & \text{如果} \dim_{\mathbb{C}} X = +\infty \end{cases}$$

证明　分两种情形.

情形 1　假设 X 是有限维的.

可以假设 X 是一个复 Hilbert 空间.

先证明

$$\dim_{\Sigma,\omega}(X) \leqslant \frac{\dim_{\mathbb{C}} X}{|G|}$$

由引理 4.2 有

$$\dim_{\Sigma,\omega}(X) \leqslant \mathrm{vdim}(X)$$

由引理 3.11 有

$$\mathrm{vdim}(X) = \frac{\dim_{\mathbb{C}} X}{|G|}$$

从而

$$\dim_{\Sigma,\omega}(X) \leqslant \frac{\dim_{\mathbb{C}} X}{|G|}$$

接下来证明

$$\dim_{\Sigma,\omega}(X) \geqslant \frac{\dim_{\mathbb{C}} X}{|G|}$$

由命题 4.4 有

$$\dim_{\Sigma,\omega}(X)$$

$$\geqslant \sup_{A \in F(X)} \sup_{\varepsilon > 0} \inf_{F \in F(G)} \inf_{B \in F(X)} \lim_{i \to \omega} \frac{d_{\varepsilon}(\{\delta_j a + X(F,B,\sigma_i) : j \in [d_i], a \in A\})}{d_i}$$

只需证明

$$\sup_{A \in F(X)} \sup_{\varepsilon > 0} \inf_{F \in F(G)} \inf_{B \in F(X)} \lim_{i \to \omega} \frac{d_{\varepsilon}(\{\delta_j a + X(F,B,\sigma_i) : j \in [d_i], a \in A\})}{d_i}$$

$$\geqslant \frac{\dim_{\mathbb{C}} X}{|G|}$$

设 Y 是 X 的一个正交规范基.

设 $\varepsilon > 0$. 设 $F \in F(G)$ 且 $B \in F(X)$. 只需证明

$$\lim_{i \to \omega} \frac{d_{\varepsilon}(\{\delta_j a + X(F,B,\sigma_i) : j \in [d_i], a \in Y\})}{d_i} \geqslant \frac{\dim_{\mathbb{C}} X}{|G|}[1 - (2|G|\varepsilon)^2]$$

设 $0 < \tau < 1$. 由注记 4.1 知对 G 的任意足够好的 Sofic 逼近 $\sigma : G \to \mathrm{Sym}(d)$

以及每个集合 $W \subseteq [d]$ 且 $|W| \geq \left(1 - \dfrac{\tau}{2}\right)d$，存在 $C \subseteq W$ 使得映射 $(s,c) \mapsto \sigma_s(c)$ 从 $G \times C$ 到 $\sigma(G)C$ 是双射且 $|\sigma(G)C| \geq (1 - \tau)d$.

设 $\sigma: G \to \mathrm{Sym}(d)$ 是 G 的一个足够好的 Sofic 逼近，使得 $|W| \geq \left(1 - \dfrac{\tau}{2}\right)d$，这里

$$W = \{i \in [d] : \text{对任意的 } s, t \in G \text{ 有 } \sigma_s \sigma_t(i) = \sigma_{st}(i)\}$$

则可以找到上述的 $C \subseteq W$.

只需证明

$$\frac{d_{\varepsilon}(\{\delta_i a + X(F, B, \sigma) : i \in [d], a \in Y\})}{d} \geq \frac{\dim_{\mathbb{C}} X}{|G|}[1 - (2|G|\varepsilon)^2]$$

注意到

$$d_{\varepsilon}(\{\delta_i a + X(F, B, \sigma) : i \in [d], a \in Y\})$$

$$\geq d_{\varepsilon}(\{\delta_i a + X(F, B, \sigma) : i \in \sigma(G)C, a \in Y\})$$

$$\geq d_{\varepsilon}(\{\delta_i a + X(G, B \cup GY, \sigma) : i \in \sigma(G)C, a \in Y\})$$

$$= d_{\varepsilon}(\{\delta_c t^{-1} a + X(G, B \cup GY, \sigma) : t \in G, c \in C, a \in Y\})$$

记 $X^*(G, B \cup GY, \sigma)$ 为由 $\delta_j b - \delta_{sj} s b\, (s \in G, j \in \sigma(G)C, b \in B \cup GY)$ 所张成的线性子空间.

设 $T: X^d / X(G, B \cup GY, \sigma) \to X^d / X^*(G, B \cup GY, \sigma)$ 定义为

$$T(f + X(G, B \cup GY, \sigma)) = \chi_{\sigma(G)C} \cdot f + X^*(G, B \cup GY, \sigma)$$

注意到 T 的定义是明确的，此外 T 是有界的且 $\|T\| \leq 1$.

于是

$$d_{\varepsilon}(\{\delta_c t^{-1} a + X(G, B \cup GY, \sigma) : t \in G, c \in C, a \in Y\})$$

$$\geq d_{\varepsilon}(\{\delta_c t^{-1} a + X^*(G, B \cup GY, \sigma) : t \in G, c \in C, a \in Y\})$$

设 $S: X^d / X^*(G, B \cup GY, \sigma) \to X^C$ 定义为

$$S(f + X^*(G, B \cup GY, \sigma)) = \frac{\sum\limits_{s \in G} (s \circ f \circ s^{-1}) \mid_C}{\mid G \mid}$$

注意到 S 的定义是明确的,此外 S 是有界的且 $\parallel S \parallel \leqslant 2$.

从而

$$d_\varepsilon(\{\delta_c t^{-1} a + X^*(G, B \cup GY, \sigma) : t \in G, c \in C, a \in Y\})$$

$$\geqslant d_{2\varepsilon}\left(\left\{\frac{\sum\limits_{g \in G} (\delta_{gc} g t^{-1} a) \mid_C}{\mid G \mid} : t \in G, c \in C, a \in Y\right\}\right)$$

$$= d_{2\varepsilon}\left(\left\{\frac{(\delta_c t^{-1} a) \mid_C}{\mid G \mid} : t \in G, c \in C, a \in Y\right\}\right)$$

$$= d_{2 \mid G \mid \varepsilon}(\{(\delta_c t^{-1} a) \mid_C : t \in G, c \in C, a \in Y\})$$

$$\geqslant d_{2 \mid G \mid \varepsilon}(\{(\delta_c a) \mid_C : c \in C, a \in Y\})$$

由引理 3.12 有

$$d_{2 \mid G \mid \varepsilon}(\{(\delta_c a) \mid_C : c \in C, a \in Y\}) \geqslant \mid C \mid \cdot \dim_{\mathbb{C}} X \cdot [1 - (2 \mid G \mid \varepsilon)^2]$$

所以

$$\frac{d_\varepsilon(\{\delta_i a + X(F, B, \sigma) : i \in [d], a \in Y\})}{d}$$

$$\geqslant \frac{\mid C \mid \cdot \dim_{\mathbb{C}} X \cdot [1 - (2 \mid G \mid \varepsilon)^2]}{d}$$

$$\geqslant \frac{\dim_{\mathbb{C}} X}{\mid G \mid} \cdot [1 - (^2 \mid G \mid \varepsilon)2] \cdot (1 - \tau)$$

从而

$$\frac{d_\varepsilon(\{\delta_i a + X(F, B, \sigma) : i \in [d], a \in Y\})}{d} \geqslant \frac{\dim_{\mathbb{C}} X}{\mid G \mid} [1 - (2 \mid G \mid \varepsilon)^2]$$

情形 2　假设 X 是无限维的.

可以找到一个由 X 的线性子空间构成的单调增加的网 $\{X_j\}_{j \in J}$,满足:

(1) 每个 X_j 是有限维的且是 G - 不变的;

（2）$\sup\limits_{j \in J} \dim_{\mathbb{C}} X_j = + \infty$.

由命题 4.2 中的（1）和（4）有

$$\dim_{\Sigma, \omega}(X) \geqslant \sup\limits_{j \in J} \dim_{\Sigma, \omega}(X_j \mid X)$$

由引理 4.4 有

$$\dim_{\Sigma, \omega}(X_j \mid X) = \dim_{\Sigma, \omega}(X_j)$$

由情形 1 有

$$\dim_{\Sigma, \omega}(X_j) = \frac{\dim_{\mathbb{C}} X_j}{\mid G \mid}$$

从而

$$\dim_{\Sigma, \omega}(X) = + \infty$$

　　■

命题 4.7　设 X 是一个复 Banach 空间. 设 G 是一个有限群且在 X 上有一个等距的线性作用 $G \curvearrowright X$. 设 $\Sigma = \{\sigma_i : G \to \mathrm{Sym}(d_i)\}_{i=1}^{\infty}$ 是 G 的一个 Sofic 逼近序列，则

$$\dim_{\Sigma, \omega}(X) = \mathrm{vdim}(X)$$

证明　可以由引理 3.3 以及引理 4.5 直接得到.

　　■

4.4　紧的等距线性作用的维数

设 G 是一个可数群，X 是一个复 Banach 空间. 一个等距线性作用 $G \curvearrowright X$ 称为是紧的，如果对任意的 $x \in X$ 有 $\overline{\{sx : s \in G\}}$ 是紧的.

在本节中主要计算紧的等距线性作用的维数.

命题 4.8　设 X 是一个复 Banach 空间. 设 G 是一个可数无限 Sofic 群且在 X 上有一个紧的等距线性作用 $G \curvearrowright X$. 设 $\Sigma = \{\sigma_i : G \to \mathrm{Sym}(d_i)\}_{i=1}^{\infty}$ 是 G 的一

个 Sofic 逼近序列. 则 $\dim_{\Sigma,\omega}(X) = 0$.

证明　设 $A \in F(X)$ 且 $\varepsilon > 0$. 只需证明 $\dim_{\Sigma,\omega}(A,\varepsilon) = 0$.

设 $0 < \theta < 1$. 只需证明 $\dim_{\Sigma,\omega}(A,\varepsilon) \leqslant \theta$.

由于 $G \curvearrowright X$ 是紧的, 从而 $\overline{\{sx : s \in G, x \in A\}}$ 是紧的. 于是存在 X 的一个有限子集 $B = \{x_1, \cdots, x_n\}$, 使得 $\overline{\{sx : s \in G, x \in A\}} \subseteq_{\frac{\varepsilon}{5}} B$.

由于 G 是无限集, 可以找到某个 $F \in F(G)$, 使得 $\dfrac{1}{|F|} \leqslant \dfrac{\theta}{2n}$.

设 $\sigma: G \to \mathrm{Sym}(d)$ 是 G 的一个足够好的 Sofic 逼近, 使得 $|D| \geqslant d\left(1 - \dfrac{\theta}{2n}\right)$, 这里

$$D = \{i \in [d] : 对任意不同的 s, t \in F 有 \sigma_s(i) \neq \sigma_t(i)\}$$

只需证明

$$\frac{\dim_{\varepsilon}(A, F, B, 2, \sigma)}{d} \leqslant \theta$$

选取 $[d]$ 的一个最大子集 W, 使得 $\sigma(F)j(j \in W)$ 是两两互不相交的. 则

$$|W| = |D \cap W| + |([d] \backslash D) \cap W|$$

$$\leqslant \frac{d}{|F|} + \frac{d\theta}{2n} \leqslant \frac{d\theta}{n}$$

对每个 $m \in \{1, \cdots, d\}$, 设 $l_m : X \to X^d$ 定义为 $l_m(x) = \delta_m x$.

声称

$$\{\delta_i a : i \in [d], a \in A\} \subseteq_{\varepsilon} \sum_{m \in W} l_m(\mathrm{span}_{\mathbb{C}}\{x_1, \cdots, x_n\}) + X(F, B, 2, \sigma)$$

对任意的 $i \in [d]$ 以及 $a \in A$, 可以找到某个 $p \in W$, 使得

$$\sigma(F)i \cap \sigma(F)p \neq \varnothing$$

于是存在 $s, t \in F$ 使得

$$\sigma_s(i) = \sigma_t(p)$$

注意到

$$\delta_i a = (\delta_i a - \delta_{\sigma_s(i)} sa) + \delta_{\sigma_s(i)} sa$$

$$= (\delta_i a - \delta_{\sigma_s(i)} sa) + \delta_{\sigma_t(p)} sa$$

$$= (\delta_i a - \delta_{\sigma_s(i)} sa) + (\delta_{\sigma_t(p)} tt^{-1} sa - \delta_p t^{-1} sa) + \delta_p t^{-1} sa$$

由于 $\overline{\{sx : s \in G, x \in A\}} \subseteq_{\frac{\varepsilon}{5}} \{x_1, \cdots, x_n\}$，从而存在 $1 \leq j, k \leq n$ 使得

$$\| a - x_j \| < \frac{\varepsilon}{5}$$

以及

$$\| t^{-1} sa - x_k \| < \frac{\varepsilon}{5}$$

故

$$\| \delta_i a - [(\delta_i x_j - \delta_{\sigma_s(i)} sx_j) + (\delta_{\sigma_t(p)} tx_k - \delta_p x_k) + \delta_p x_k] \| < \varepsilon$$

注意到

$$(\delta_i x_j - \delta_{\sigma_s(i)} sx_j) + (\delta_{\sigma_t(p)} tx_k - \delta_p x_k) \in X(F, B, 2, \sigma)$$

且

$$\delta_p x_k \in \sum_{m \in W} l_m(\mathrm{span}_{\mathbb{C}} \{x_1, \cdots, x_n\})$$

这就证明了

$$\{\delta_i a : i \in [d], a \in A\} \subseteq_\varepsilon \sum_{m \in W} l_m(\mathrm{span}_{\mathbb{C}} \{x_1, \cdots, x_n\}) + X(F, B, 2, \sigma)$$

所以

$$\dim_\varepsilon(A, F, B, 2, \sigma) \leq \dim_{\mathbb{C}} (\sum_{m \in W} l_m(\mathrm{span}_{\mathbb{C}} \{x_1, \cdots, x_n\}))$$

$$\leq d\theta$$

推论4.4　设 X 是一个有限维的复 Banach 空间. 设 G 是一个可数无限 Sofic 群且在 X 上有一个等距的线性作用 $G \curvearrowright X$. 设 $\Sigma = \{\sigma_i : G \to \mathrm{Sym}(d_i)\}_{i=1}^{\infty}$ 是 G

的一个 Sofic 逼近序列,则 $\dim_{\Sigma,\omega}(X) = 0$.

证明　由于 X 是有限维的,从而对任意的 $x \in X$ 有 $\overline{\{sx : s \in G\}}$ 是紧的,这表明等距线性作用 $G \curvearrowright X$ 是紧的. 由命题 4.8 知 $\dim_{\Sigma,\omega}(X) = 0$.

■

4.5　计算 $\dim_{\Sigma,\omega}(G \curvearrowright l^p(G,V))$

在本节中,设 G 是一个可数 Sofic 群,V 是一个有限维的复 Banach 空间.

设 $1 \leqslant p < +\infty$,记 $l^p(G,V) = \{f : G \to V \mid \sum_{s \in G} \|f(s)\|^p < +\infty\}$. $l^p(G,V)$ 关于范数 $\|\cdot\|_p$ 构成了一个复 Banach 空间,这里

$$\|f\|_p = \left(\sum_{s \in G} \|f(s)\|^p\right)^{\frac{1}{p}}$$

G 在 $l^p(G,V)$ 上有一个自然的左平移作用:对 $s \in G$ 以及 $f \in l^p(G,V)$,定义 $sf \in l^p(G,V)$ 为

$$(sf)(t) = f(s^{-1}t) \quad (t \in G)$$

显然

$$s(\alpha f + \beta g) = \alpha(sf) + \beta(sg) \quad (s \in G, f, g \in l^p(G,V), \alpha, \beta \in \mathbb{C})$$

且

$$\|sf\|_p = \|f\|_p \quad (s \in G, f \in l^p(G,V))$$

从而上述左平移作用是一个等距的线性作用.

在本节中,主要计算 $\dim_{\Sigma,\omega}(G \curvearrowright l^p(G,V))$.

设 $n = \dim_{\mathbb{C}}(V)$. 由于 $l^p(G,V)$ 和 $l^p(G,\mathbb{C})^{\oplus n}$ 是 G–同构(存在一个线性 G–同变的同胚映射 $T : l^p(G,V) \to l^p(G,\mathbb{C})^{\oplus n}$)的,所以只需计算 $\dim_{\Sigma,\omega}(G \curvearrowright l^p(G,\mathbb{C})^{\oplus n})$.

引理 4.6　设 G 是一个可数 Sofic 群且 $\Sigma = \{\sigma_i : G \to \mathrm{Sym}(d_i)\}_{i=1}^{\infty}$ 是 G 的

一个 Sofic 逼近序列, 则对任意的 $1 \leqslant p < +\infty$ 有

$$\dim_{\Sigma,\omega}(G \curvearrowright l^p(G,\mathbb{C})^{\oplus n}) \leqslant n$$

证明　由于 $\{\delta_i \gamma_{e_G} : i \in [n]\}$ 动力生成了 $l^p(G,\mathbb{C})^{\oplus n}$, 由命题 4.5 有

$$\dim_{\Sigma,\omega}(G \curvearrowright l^p(G,\mathbb{C})^{\oplus n}) \leqslant n$$

命题 4.9　设 G 是一个可数 Sofic 群且 $\Sigma = \{\sigma_i : G \to \mathrm{Sym}(d_i)\}_{i=1}^{\infty}$ 是 G 的一个 Sofic 逼近序列, 则对任意的 $1 \leqslant p \leqslant 2$ 有

$$\dim_{\Sigma,\omega}(G \curvearrowright l^p(G,\mathbb{C})^{\oplus n}) = n$$

证明　由引理 4.6 有

$$\dim_{\Sigma,\omega}(G \curvearrowright l^p(G,\mathbb{C})^{\oplus n}) \leqslant n$$

只需证明

$$\dim_{\Sigma,\omega}(G \curvearrowright l^p(G,\mathbb{C})^{\oplus n}) \geqslant n$$

设 $I : l^p(G,\mathbb{C})^{\oplus n} \to l^2(G,\mathbb{C})^{\oplus n}$ 定义为 $I(f_1,\cdots,f_n) = (f_1,\cdots,f_n)$. 注意到 I 是 G – 同变的, 线性有界且有稠密的值域.

由命题 4.1 有

$$\dim_{\Sigma,\omega}(G \curvearrowright l^p(G,\mathbb{C})^{\oplus n}) \geqslant \dim_{\Sigma,\omega}(G \curvearrowright l^2(G,\mathbb{C})^{\oplus n})$$

只需证明

$$\dim_{\Sigma,\omega}(G \curvearrowright l^2(G,\mathbb{C})^{\oplus n}) \geqslant n$$

设 $\varepsilon > 0$. 只需证明

$$\dim_{\Sigma,\omega}(\{\delta_a \gamma_{e_G} : a \in [n]\}, \varepsilon) \geqslant n(1 - 4\varepsilon^2)$$

设 $F \in F(G)$ 且 $e_G \in F, B \in F(l^2(G,\mathbb{C})^{\oplus n})$ 以及 $c > 0$. 只需证明

$$\dim_{\Sigma,\omega}(\{\delta_a \gamma_{e_G} : a \in [n]\}, \varepsilon \mid F, B, c) \geqslant n(1 - 4\varepsilon^2)$$

对每个 $b \in B$, 可以找到一个有限支撑的函数 $g_b \in l^2(G,\mathbb{C})^{\oplus n}$ 使得

$$\| b - g_b \| < \frac{\varepsilon}{2c}$$

于是

$$\dim_{\Sigma, \omega}(\{\delta_a \gamma_{e_G} : a \in [n]\}, \varepsilon \mid F, B, c)$$

$$\geqslant \dim_{\Sigma, \omega}(\{\delta_a \gamma_{e_G} : a \in [n]\}, 2\varepsilon \mid F, \{g_b : b \in B\}, c)$$

只需证明

$$\dim_{\Sigma, \omega}(\{\delta_a \gamma_{e_G} : a \in [n]\}, 2\varepsilon \mid F, \{g_b : b \in B\}, c) \geqslant n(1 - 4\varepsilon^2)$$

设 $\theta > 0$. 只需证明

$$\dim_{\Sigma, \omega}(\{\delta_a \gamma_{e_G} : a \in [n]\}, 2\varepsilon \mid F, \{g_b : b \in B\}, c) \geqslant n(1 - 4\varepsilon^2) - \theta$$

可以找到 $K \in F(G)$ 且 $e_G \in K$ 使得

$$\{g_b : b \in B\} \subseteq \mathrm{span}_{\mathbb{C}} \{\delta_q \gamma_u : q \in [n], u \in K\}$$

记 $\tilde{F} = FK \in F(G)$. 注意到 $\tilde{F} \supseteq K$ 且 $\tilde{F} \supseteq F$.

选取 $0 < \tau < 1$ 使得 $\tau \cdot |F| \cdot n \leqslant \theta$.

设 $\sigma : G \to \mathrm{Sym}(d)$ 是 G 的一个足够好的 Sofic 逼近, 使得 $|W| \geqslant$ $\left(1 - \dfrac{\tau}{|K|^2}\right) d$, 这里

$$W = \{i \in [d] : \text{对任意的 } s \in F, t \in K, \text{有 } \sigma_s \sigma_t(i) = \sigma_{st}(i)\} \cap$$

$$\{i \in [d] : \text{对任意不同的 } s, t \in \tilde{F}, \text{有 } \sigma_s(i) \neq \sigma_t(i)\}$$

现在只需证明

$$\frac{\dim_{2\varepsilon}(\{\delta_a \gamma_{e_G} : a \in [n]\}, F, \{g_b : b \in B\}, c, \sigma)}{d} \geqslant n(1 - 4\varepsilon^2) - \theta$$

注意到

$$\dim_{2\varepsilon}(\{\delta_a \gamma_{e_G} : a \in [n]\}, F, \{g_b : b \in B\}, c, \sigma)$$

$$\geqslant d_{2\varepsilon}(\{\delta_i(\delta_a \gamma_{e_G}) + \mathrm{span}_{\mathbb{C}} \{\delta_j g_b - \delta_{sj} s g_b : s \in F,$$

$$j \in [d], b \in B\} : i \in [d], a \in [n]\})$$

由于

$$\{g_b : b \in B\} \subseteq \operatorname{span}_{\mathbb{C}} \{\delta_q \gamma_u : q \in [n], u \in K\}$$

从而

$$d_{2\varepsilon}(\{\delta_i(\delta_a \gamma_{e_G}) + \operatorname{span}_{\mathbb{C}} \{\delta_j g_b - \delta_{sj} s g_b : s \in F,$$

$$j \in [d], b \in B\} : i \in [d], a \in [n]\})$$

$$\geqslant d_{2\varepsilon}(\{\delta_i(\delta_a \gamma_{e_G}) + \operatorname{span}_{\mathbb{C}} \{\delta_j(\delta_q \gamma_u) - \delta_{sj}(\delta_q \gamma_{su}) :$$

$$s \in F, j \in [d], q \in [n],$$

$$u \in K\} : i \in [d], a \in [n]\})$$

注意到

$$d_{2\varepsilon}(\{\delta_i(\delta_a \gamma_{e_G}) + \operatorname{span}_{\mathbb{C}} \{\delta_j(\delta_q \gamma_u) - \delta_{sj}(\delta_q \gamma_{su}) : s \in F, j \in [d],$$

$$q \in [n], u \in K\} : i \in [d], a \in [n]\})$$

$$\geqslant d_{2\varepsilon}(\{\delta_i(\delta_a \gamma_{e_G}) + \operatorname{span}_{\mathbb{C}} \{\delta_j(\delta_q \gamma_u) - \delta_{sj}(\delta_q \gamma_{su}) : s \in F, j \in \bigcap_{t \in K} tW,$$

$$q \in [n], u \in K\} : i \in [d], a \in [n]\}) - d\theta$$

声称

$$\operatorname{span}_{\mathbb{C}} \{\delta_j(\delta_q \gamma_u) - \delta_{sj}(\delta_q \gamma_{su}) : s \in F, j \in \bigcap_{t \in K} tW, q \in [n], u \in K\}$$

$$\subseteq \operatorname{span}_{\mathbb{C}} \{\delta_j(\delta_q \gamma_{e_G}) - \delta_{sj}(\delta_q \gamma_s) : s \in \widetilde{F}, j \in W, q \in [n]\}$$

对任意的 $s \in F, j \in \bigcap_{t \in K} tW, q \in [n], u \in K$,存在某个 $i \in W$ 使得 $j = \sigma_u(i)$,有

$$\delta_j(\delta_q \gamma_u) - \delta_{sj}(\delta_q \gamma_{su})$$

$$= (\delta_i(\delta_q \gamma_{e_G}) - \delta_{\sigma_s \sigma_u(i)}(\delta_q \gamma_{su})) - (\delta_i(\delta_q \gamma_{e_G}) - \delta_{\sigma_u(i)}(\delta_q \gamma_u))$$

$$= (\delta_i(\delta_q \gamma_{e_G}) - \delta_{\sigma_{su}(i)}(\delta_q \gamma_{su})) - (\delta_i(\delta_q \gamma_{e_G}) - \delta_{\sigma_u(i)}(\delta_q \gamma_u))$$

这就证明了

$$\operatorname{span}_{\mathbb{C}} \{\delta_j(\delta_q \gamma_u) - \delta_{sj}(\delta_q \gamma_{su}) : s \in F, j \in \bigcap_{t \in K} tW, q \in [n], u \in K\}$$

$$\subseteq \operatorname{span}_{\mathbb{C}} \{\delta_j(\delta_q \gamma_{e_G}) - \delta_{sj}(\delta_q \gamma_s) : s \in \widetilde{F}, j \in W, q \in [n]\}$$

于是

$$d_{2\varepsilon}(\{\delta_i(\delta_a\gamma_{e_G}) + \mathrm{span}_{\mathbb{C}}\{\delta_j(\delta_q\gamma_u) - \delta_{sj}(\delta_q\gamma_{su}):s \in F, j \in \bigcap_{t \in K} tW,$$

$$q \in [n], u \in K\}:i \in [d], a \in [n]\})$$

$$\geqslant d_{2\varepsilon}(\{\delta_i(\delta_a\gamma_{e_G}) + \mathrm{span}_{\mathbb{C}}\{\delta_j(\delta_q\gamma_{e_G}) - \delta_{sj}(\delta_q\gamma_s):s \in \widetilde{F},$$

$$j \in W, q \in [n]\}:i \in [d], a \in [n]\})$$

$$= d_{2\varepsilon}(\{\delta_i(\delta_a\gamma_{e_G}) + \mathrm{span}_{\mathbb{C}}\{\delta_j(\delta_q\gamma_{e_G}) - \delta_{sj}(\delta_q\gamma_s):s \in \widetilde{F}\backslash\{e_G\},$$

$$j \in W, q \in [n]\}:i \in [d], a \in [n]\})$$

注意到

$$\{\delta_i(\delta_a\gamma_{e_G}) + \mathrm{span}_{\mathbb{C}}\{\delta_j(\delta_q\gamma_{e_G}) - \delta_{sj}(\delta_q\gamma_s):s \in \widetilde{F}\backslash\{e_G\},$$

$$j \in W, q \in [n]\}:i \in [d], a \in [n]\}$$

是线性无关的.

设

$$T:\mathrm{span}_{\mathbb{C}}\{\delta_i(\delta_a\gamma_{e_G}) + \mathrm{span}_{\mathbb{C}}\{\delta_j(\delta_q\gamma_{e_G}) - \delta_{sj}(\delta_q\gamma_s):s \in \widetilde{F}\backslash\{e_G\},$$

$$j \in W, q \in [n]\}:i \in [d], a \in [n]\} \to \mathbb{C}^{dn}$$

定义为

$$T(\sum_{i=1}^d \sum_{a=1}^n c_{ia}\delta_i(\delta_a\gamma_{e_G}) + \mathrm{span}_{\mathbb{C}}\{\delta_j(\delta_q\gamma_{e_G}) - \delta_{sj}(\delta_q\gamma_s):$$

$$s \in \widetilde{F}\backslash\{e_G\}, j \in W, q \in [n]\})$$

$$= (c_{11}, \cdots, c_{1n}, \cdots, c_{d1}, \cdots, c_{dn})$$

由于

$$\| \sum_{i=1}^d \sum_{a=1}^n c_{ia}\delta_i(\delta_a\gamma_{e_G}) + \mathrm{span}_{\mathbb{C}}\{\delta_j(\delta_q\gamma_{e_G}) -$$

$$\delta_{sj}(\delta_q\gamma_s):s \in \widetilde{F}\backslash\{e_G\}, j \in W, q \in [n]\} \|$$

$$\leqslant (\sum_{i=1}^d \sum_{a=1}^n |c_{ia}|^2)^{\frac{1}{2}}$$

因此 T 是线性有界的且 $\|T\| \leqslant 1$.

由 Hahn – Banach 定理,存在一个连续的线性算子

$$\tilde{T}:(l^2(G,\mathbb{C})^{\oplus n})^d/\operatorname{span}_{\mathbb{C}}\{\delta_j(\delta_q\gamma_{e_G})-\delta_{sj}(\delta_q\gamma_s):$$

$$s\in\tilde{F}\backslash\{e_G\},j\in W,q\in[n]\}\to\mathbb{C}^{dn}$$

使得 $\|\tilde{T}\|=\|T\|$ 且 $\tilde{T}$ 是 T 的一个延拓.

对 $i\in[dn]$,记 $e_i\in\mathbb{C}^{dn}$ 为在第 i 个位置取值为 1,在其余位置取值为 0.

于是

$$d_{2\varepsilon}(\{\delta_i(\delta_a\gamma_{e_G})+\operatorname{span}_{\mathbb{C}}\{\delta_j(\delta_q\gamma_{e_G})-\delta_{sj}(\delta_q\gamma_s):s\in\tilde{F}\backslash\{e_G\},$$

$$j\in W,q\in[n]\}:i\in[d],a\in[n]\})$$

$$\geqslant d_{2\varepsilon}(\{\tilde{T}(\delta_i(\delta_a\gamma_{e_G})+\operatorname{span}_{\mathbb{C}}\{\delta_j(\delta_q\gamma_{e_G})-\delta_{sj}(\delta_q\gamma_s):s\in\tilde{F}\backslash\{e_G\},$$

$$j\in W,q\in[n]\}):i\in[d],a\in[n]\})$$

$$=d_{2\varepsilon}(\{T(\delta_i(\delta_a\gamma_{e_G})+\operatorname{span}_{\mathbb{C}}\{\delta_j(\delta_q\gamma_{e_G})-\delta_{sj}(\delta_q\gamma_s):s\in\tilde{F}\backslash\{e_G\},$$

$$j\in W,q\in[n]\}):i\in[d],a\in[n]\})$$

$$=d_{2\varepsilon}(\{e_1,\cdots,e_{dn}\})$$

$$\geqslant dn(1-4\varepsilon^2)$$

所以

$$\frac{\dim_{2\varepsilon}(\{\delta_a\gamma_{e_G}:a\in[n]\},F,\{g_b:b\in B\},c,\sigma)}{d}\geqslant n(1-4\varepsilon^2)-\theta$$

■

命题 4.10　设 G 是一个可数无限 Sofic 群且包含一个可数无限顺从子群, $\Sigma=\{\sigma_i:G\to\operatorname{Sym}(d_i)\}_{i=1}^{\infty}$ 是 G 的一个 Sofic 逼近序列,则对所有的 $2<p<+\infty$ 有

$$\dim_{\Sigma,\omega}(G\curvearrowright l^p(G,\mathbb{C})^{\oplus n})=0$$

证明　由命题 4.3 有

$$\dim_{\Sigma,\omega}(G\curvearrowright l^p(G,\mathbb{C})^{\oplus n})\leqslant n\cdot\dim_{\Sigma,\omega}(G\curvearrowright l^p(G,\mathbb{C}))$$

只需要证明

$$\dim_{\Sigma,\omega}(G \curvearrowright l^p(G,\mathbb{C})) = 0$$

设 H 是 G 的一个可数无限顺从子群. 从而

$$\dim_{\Sigma,\omega}(G \curvearrowright l^p(G,\mathbb{C})) \leqslant \dim_{\Sigma,\omega}(H \curvearrowright l^p(G,\mathbb{C}))$$

只需要证明

$$\dim_{\Sigma,\omega}(H \curvearrowright l^p(G,\mathbb{C})) = 0$$

由定理 4.1 有

$$\dim_{\Sigma,\omega}(H \curvearrowright l^p(G,\mathbb{C})) = \mathrm{vdim}(H \curvearrowright l^p(G,\mathbb{C}))$$

由定理 3.7 有

$$\mathrm{vdim}(H \curvearrowright l^p(G,\mathbb{C})) = 0$$

于是

$$\dim_{\Sigma,\omega}(H \curvearrowright l^p(G,\mathbb{C})) = 0$$

4.6　对 Gromov 一个问题的应用

在本节中, 将对 Gromov 的一个问题给出命题 4.9 的一个应用.

Gromov 在参考文献 [6] 中提出了如下的问题:

设 G 是一个可数群, $1 \leqslant p < +\infty$, V 和 W 是两个有限维的复 Banach 空间, 是否有 $l^p(G,V)$ 和 $l^p(G,W)$ 是 G – 同构当且仅当 $\dim_{\mathbb{C}}(V) = \dim_{\mathbb{C}}(W)$?

在本节中, 将在 Sofic 群的情形对上述问题给出一个肯定的回答.

命题 4.11　设 G 是一个可数 Sofic 群, $1 \leqslant p < +\infty$, V 和 W 是两个有限维的复 Banach 空间, 则 $l^p(G,V)$ 和 $l^p(G,W)$ 是 G – 同构当且仅当 $\dim_{\mathbb{C}}(V) = \dim_{\mathbb{C}}(W)$.

证明　设 $\Sigma = \{\sigma_i : G \to \mathrm{Sym}(d_i)\}_{i=1}^{\infty}$ 是 G 的一个 Sofic 逼近序列.

分两种情形.

情形 1 如果 $1 \leqslant p \leqslant 2$.

由推论 4.1 和命题 4.9,有 $l^p(G,V)$ 和 $l^p(G,W)$ 是 G - 同构当且仅当

$$\dim_{\mathbb{C}} (V) = \dim_{\mathbb{C}} (W)$$

情形 2 如果 $2 < p < + \infty$.

记 q 为 p 的共轭指标,亦即 $\dfrac{1}{p} + \dfrac{1}{q} = 1$. 注意到 $1 < q < 2$.

只需证明如果 $l^p(G,V)$ 和 $l^p(G,W)$ 是 G - 同构,那么有

$$\dim_{\mathbb{C}} (V) = \dim_{\mathbb{C}} (W)$$

如果 $l^p(G,V)$ 和 $l^p(G,W)$ 是 G - 同构,那么 $l^q(G,V)$ 和 $l^q(G,W)$ 也是 G - 同构. 由情形 1 有

$$\dim_{\mathbb{C}} (V) = \dim_{\mathbb{C}} (W)$$

4.7　自由群的 l^p - Betti 数

在本节中主要计算自由群的 l^p - Betti 数.

Gromov 在文献[5] 中首先引入了 l^p - 上同调的定义.

先回顾一下自由群的 l^p - 上同调.

设 $n \geqslant 2$ 是一个正整数,$\mathbb{F}_n$ 为由 $a_1, \cdots, a_n$ 所生成的自由群. 记 $S = \{ a_1, \cdots, a_n, a_1^{-1}, \cdots, a_n^{-1} \}$.

记 $C_S(\mathbb{F}_n) = (\mathbb{F}_n, E)$ 为 $\mathbb{F}_n$ 关于 S 的 Cayley 图,其中 $E = \{ (x,a,xa) : x \in \mathbb{F}_n, a \in S \}$. 考虑投影映射 $\pi_1, \pi_2 : E \to \mathbb{F}_n$ 如下:

$$\pi_1(u) = x \quad (\forall u = (x,a,xa) \in E)$$

$$\pi_2(u) = xa \quad (\forall u = (x,a,xa) \in E)$$

记

$$V(F_n) = \{ (\pi_1(u), \pi_2(u)) : u \in E \}$$

设 $1 \leqslant p < +\infty$，记 $l^p(V(\mathbb{F}_n))$ 为满足下述条件的函数 $f: V(\mathbb{F}_n) \to \mathbb{C}$ 的全体：

（1）对任意的 $x \in F_n$ 以及 $a \in S$ 有 $f(x, xa) = -f(xa, x)$；

（2）$\displaystyle\sum_{j=1}^{n} \sum_{x \in F_n} | f(x, xa_j) |^p < +\infty$.

$l^p(V(\mathbb{F}_n))$ 关于范数 $\| \cdot \|_p$ 构成了一个复 Banach 空间，这里

$$\| f \|_p = \left(\sum_{j=1}^{n} \sum_{x \in F_n} | f(x, xa_j) |^p \right)^{\frac{1}{p}}$$

$\mathbb{F}_n$ 在 $l^p(V(\mathbb{F}_n))$ 上有一个自然的左平移作用：对 $s \in F_n$ 以及 $f \in l^p(V(\mathbb{F}_n))$，定义

$$sf \in l^p(V(\mathbb{F}_n))$$

为

$$(sf)(x, xa) = f(s^{-1}x, s^{-1}xa)$$

显然

$$s(\alpha f + \beta g) = \alpha(sf) + \beta(sg) \quad (s \in F_n, f, g \in l^p(V(\mathbb{F}_n)), \alpha, \beta \in \mathbb{C})$$

且

$$\| sf \|_p = \| f \|_p \quad (s \in F_n, f \in l^p(V(\mathbb{F}_n)))$$

从而上述左平移作用是一个等距的线性作用.

此外 $l^p(V(\mathbb{F}_n))$ $\mathbb{F}_n$–同构于 $l^p(\mathbb{F}_n, \mathbb{C})^{\oplus n}$.

如果 $(x, s) \in V(\mathbb{F}_n)$，定义函数 $\varepsilon_{(x,s)} : V(\mathbb{F}_n) \to \mathbb{R}$ 如下：

$$\begin{cases} \varepsilon_{(x,s)}(y, t) = 0 \text{ 如果}(y, t) \neq (x, s) \\ \varepsilon_{(x,s)}(x, s) = 1 \\ \varepsilon_{(x,s)}(s, x) = -1 \end{cases}$$

容易知道 $\varepsilon_{(x,s)} \in l^p(V(\mathbb{F}_n))$.

定义映射 $\delta: l^p(\mathbb{F}_n, \mathbb{C}) \to l^p(V(\mathbb{F}_n))$ 如下：

$$(\delta f)(x,s) = f(s) - f(x) \quad ((x,s) \in V(\mathbb{F}_n))$$

对应的 l^p – 上同调空间定义为

$$H^1_{lp}(\mathbb{F}_n) = l^p(V(\mathbb{F}_n)) / \overline{\delta(l^p(\mathbb{F}_n, \mathbb{C}))}$$

定义

$$\beta^{(p)}_{\Sigma,\omega,1}(\mathbb{F}_n) = \dim_{\Sigma,\omega}(\mathbb{F}_n \curvearrowright H^1_{lp}(\mathbb{F}_n))$$

其中 $\Sigma = \{\sigma_i: \mathbb{F}_n \to \mathrm{Sym}(d_i)\}_{i=1}^{\infty}$ 是 $\mathbb{F}_n$ 的一个 Sofic 逼近序列，ω 为 $\mathbb{N}^*$ 上的一个自由超滤子.

称 $\beta^{(p)}_{\Sigma,\omega,1}(\mathbb{F}_n)$ 为 $\mathbb{F}_n$ 关于 $\Sigma = \{\sigma_i: \mathbb{F}_n \to \mathrm{Sym}(d_i)\}_{i=1}^{\infty}$ 和 ω 的 l^p – Betti 数.

接下来对所有的 $1 \le p < +\infty$ 去计算 l^p – Betti 数 $\beta^{(p)}_{\Sigma,\omega,1}(\mathbb{F}_n)$.

要用到下述非常有用的引理.

引理 4.7 设 $n \ge 2$ 是一个正整数，$1 \le p < +\infty$，则 $\{\varepsilon_{(e_{\mathbb{F}_n}, a_j)} + \overline{\delta(l^p(\mathbb{F}_n, \mathbb{C}))}: 1 \le j \le n-1\}$ 动力生成了 $H^1_{lp}(\mathbb{F}_n)$.

略去上述引理的证明过程，有关详细的证明过程请参考文献[9] 中引理 5.2.

引理 4.8 设 $n \ge 2$ 是一个正整数，$1 \le p < +\infty$. 则

$$\beta^{(p)}_{\Sigma,\omega,1}(\mathbb{F}_n) \le n-1$$

其中 $\Sigma = \{\sigma_i: \mathbb{F}_n \to \mathrm{Sym}(d_i)\}_{i=1}^{\infty}$ 是 $\mathbb{F}_n$ 的一个 Sofic 逼近序列，ω 为 $\mathbb{N}^*$ 上的一个自由超滤子.

证明 由引理 4.7 和命题 4.5 有 $\beta^{(p)}_{\Sigma,\omega,1}(\mathbb{F}_n) \le n-1$.

引理 4.9 设 $n \ge 2$ 是一个正整数，$1 \le p \le 2$. 则

$$\beta^{(p)}_{\Sigma,\omega,1}(\mathbb{F}_n) = n-1$$

其中 $\Sigma = \{\sigma_i : \mathbb{F}_n \to \mathrm{Sym}(d_i)\}_{i=1}^{\infty}$ 是 $\mathbb{F}_n$ 的一个 Sofic 逼近序列，ω 为 $\mathbb{N}^*$ 上的一个自由超滤子.

证明　由引理 4.8 有 $\beta_{\Sigma,\omega,1}^{(p)}(\mathbb{F}_n) \leqslant n - 1$.

只需证明 $\beta_{\Sigma,\omega,1}^{(p)}(\mathbb{F}_n) \geqslant n - 1$.

设 $I : l^p(V(\mathbb{F}_n))/\overline{\delta(l^p(\mathbb{F}_n,\mathbb{C}))} \to l^2(V(\mathbb{F}_n))/\overline{\delta(l^2(\mathbb{F}_n,\mathbb{C}))}$ 定义为

$$I(f + \overline{\delta(l^p(\mathbb{F}_n,\mathbb{C}))}) = f + \overline{\delta(l^2(\mathbb{F}_n,\mathbb{C}))}$$

从而 I 是 $\mathbb{F}_n$ – 同变，线性有界且有稠密的值域.

由命题 4.1 知

$$\beta_{\Sigma,\omega,1}^{(p)}(\mathbb{F}_n) \geqslant \beta_{\Sigma,\omega,1}^{(2)}(\mathbb{F}_n)$$

只需证明

$$\beta_{\Sigma,\omega,1}^{(2)}(\mathbb{F}_n) \geqslant n - 1$$

由推论 4.3 有

$$\dim_{\Sigma,\omega}(\mathbb{F}_n \curvearrowright l^2(V(\mathbb{F}_n))) \leqslant \dim_{\Sigma,\omega}(\mathbb{F}_n \curvearrowright \overline{\delta(l^2(\mathbb{F}_n,\mathbb{C}))}) +$$
$$\dim_{\Sigma,\omega}(\mathbb{F}_n \curvearrowright H_{l^2}^1(\mathbb{F}_n))$$

由命题 4.1 和命题 4.9 有

$$\dim_{\Sigma,\omega}(F_n \curvearrowright \overline{\delta(l^2(\mathbb{F}_n,\mathbb{C}))}) \leqslant \dim_{\Sigma,\omega}(\mathbb{F}_n \curvearrowright l^2(\mathbb{F}_n,\mathbb{C})) = 1$$

于是

$$\dim_{\Sigma,\omega}(\mathbb{F}_n \curvearrowright l^2(V(\mathbb{F}_n))) \leqslant 1 + \dim_{\Sigma,\omega}(\mathbb{F}_n \curvearrowright H_{l^2}^1(\mathbb{F}_n))$$

注意到 $l^p(V(\mathbb{F}_n))$ $\mathbb{F}_n$ – 同构于 $l^p(\mathbb{F}_n,\mathbb{C})^{\oplus n}$，有

$$\dim_{\Sigma,\omega}(\mathbb{F}_n \curvearrowright l^2(V(\mathbb{F}_n))) = \dim_{\Sigma,\omega}(\mathbb{F}_n \curvearrowright l^2(\mathbb{F}_n,\mathbb{C})^{\oplus n})$$

由命题 4.9 有

$$\dim_{\Sigma,\omega}(\mathbb{F}_n \curvearrowright l^2(\mathbb{F}_n,\mathbb{C})^{\oplus n}) = n$$

所以

$$\dim_{\Sigma,\omega}(\mathbb{F}_n \curvearrowright H_{l^2}^1(\mathbb{F}_n)) \geqslant n - 1$$

引理 4.10 设 $n \geq 2$ 是一个正整数，$2 < p < +\infty$. 则

$$\beta_{\Sigma,\omega,1}^{(p)}(\mathbb{F}_n) = 0$$

其中 $\Sigma = \{\sigma_i : \mathbb{F}_n \to \mathrm{Sym}(d_i)\}_{i=1}^{\infty}$ 是 $\mathbb{F}_n$ 的一个 Sofic 逼近序列，ω 为 $\mathbb{N}^*$ 上的一个自由超滤子.

证明 由于

$$\beta_{\Sigma,\omega,1}^{(p)}(\mathbb{F}_n) \leq \dim_{\Sigma,\omega}(\mathbb{F}_n \curvearrowright l^p(V(\mathbb{F}_n)))$$

只需证明

$$\dim_{\Sigma,\omega}(\mathbb{F}_n \curvearrowright l^p(V(\mathbb{F}_n))) = 0$$

注意到 $l^p(V(\mathbb{F}_n))$ $\mathbb{F}_n$ – 同构于 $l^p(\mathbb{F}_n, \mathbb{C})^{\oplus n}$，只需证明

$$\dim_{\Sigma,\omega}(\mathbb{F}_n \curvearrowright l^p(\mathbb{F}_n, \mathbb{C})^{\oplus n}) = 0$$

由命题 4.10 有

$$\dim_{\Sigma,\omega}(\mathbb{F}_n \curvearrowright l^p(\mathbb{F}_n, \mathbb{C})^{\oplus n}) = 0$$

命题 4.12 设 $n \geq 2$ 是一个正整数，$1 \leq p < +\infty$. 则

$$\beta_{\Sigma,\omega,1}^{(p)}(\mathbb{F}_n) = \begin{cases} n-1, & \text{如果 } 1 \leq p \leq 2 \\ 0, & \text{如果 } 2 < p < +\infty \end{cases}$$

其中 $\Sigma = \{\sigma_i : \mathbb{F}_n \to \mathrm{Sym}(d_i)\}_{i=1}^{\infty}$ 是 $\mathbb{F}_n$ 的一个 Sofic 逼近序列，ω 为 $\mathbb{N}^*$ 上的一个自由超滤子.

证明 可由引理 4.9 和 4.10 得到.

参 考 文 献

[1] BOWEN L. Measure conjugacy invariants for actions of countable Sofic groups
[J]. J. Amer. Math. Soc,2010(23):217-245.

[2] CECCHERINI-SILBERSTEIN T, COORNAERT M. Cellular automata and
groups. Springer monographs in mathematics[M]. Berlin: Springer-Verlag,
2010.

[3] GLUSKIN E D. Norms of random matrices and widths of finite-dimensional sets
[J]. Math. USSR Sbornik, 1984(48):173-182.

[4] GOTTSCHALK W H. Some general dynamical systems,In: recent advances in
topological dynamics. Lecture notes in mathematics[M]. Berlin: Springer,
1973.

[5] GROMOV M. ASymptotic invariants of infinite groups[M]. Cambridge: Cam-
bridge University Press,1993.

[6] GROMOV M. Topological invariants of dynamical systems and spaces of holo-
morphic maps[J]. I. Math. Phys. Anal. Geom, 1999(2):323-415.

[7] GROMOV M. Endomorphisms of Symbolic algebraic varieties[J]. J. Eur.
Math. Soc, 1999(1):109-197.

[8] HAYES B. An l^p-version of von Neumann dimension for Banach space repre-
sentations of Sofic groups[J]. J. Funct. Anal, 2014(266):989-1040.

[9] HAYES B. An l^p-version of von Neumann dimension for Banach space repre-
sentations of Sofic groups II[J]. J. Funct. Anal, 2015(269):2365-2426.

[10] KERR D. Sofic measure entropy via finite partitions[J]. Groups Geom. Dyn, 2013(7):617-632.

[11] KERR D, LI H. Entropy and the variational principle for actions of Sofic groups[J]. Invent. Math, 2011(186):501-558.

[12] KERR D, LI H. Soficity, amenability, and dynamical entropy[J]. Amer. J. Math, 2013(135):721-761.

[13] KERR D, LI H. Ergodic theory independence and dichotomies. Springer monographs in mathematics[M]. Berlin: Springer,2016.

[14] LI H. Sofic mean dimension[J]. Adv. Math, 2013(244):570-604.

[15] PESTOV V G. Hyperlinear and Sofic groups: a brief guide[J]. Bull. Symbolic Logic, 2008(14):449-480.

[16] VOICULESCU D. Dynamical approximation entropies and topological entropy in operator algebras[J]. Comm. Math. Phys, 1995(170):249-281.

[17] WALTERS P. An introduction to ergodic theory. Graduate texts in mathematics,79[M]. Berlin: Springer,1982.